实用服装裁剪制板
与成衣制作实例系列

衬衣与连衣裙篇

CHENYI YU

LIANYIQUN PIAN

李　彤　王晓云　等编著

U0305940

化学工业出版社

·北京·

《衬衣与连衣裙篇》主要介绍了衬衣与连衣裙的裁剪变化原理及其流行款式的裁剪与缝制。本书从人体结构规律和衬衣与连衣裙基本结构原理出发,系统、详尽地对衬衣与连衣裙的裁剪制板进行了分析讲解,归纳总结出一套原理性强、适用性广、科学准确、易于学习掌握的纸样原理与方法,能够很好地适应各种衬衣与连衣裙的款式变化,还加入了大量衬衣与连衣裙成品的裁剪缝制实例,方便读者阅读和参考。

本书条理清晰、图文并茂、原理性强,是服装高等院校及大中专院校的理想参考书;同时由于其实用性强,也可供服装企业技术人员、广大服装爱好者参考。对于初学者或是服装制板爱好者而言,不失为一本实用而易学易懂的工具书,还可作为服装企业相关工作人员、广大服装爱好者及服装院校师生的工作和学习手册。

图书在版编目(CIP)数据

衬衣与连衣裙篇/李彤,王晓云等编著. —北京:
化学工业出版社,2013.1(2016.11重印)
(实用服装裁剪制板与成衣制作实例系列)
ISBN 978-7-122-15933-5

Ⅰ.①衬… Ⅱ.①李…②王… Ⅲ.①衬衣-服装量裁②连衣裙-服装量裁 Ⅳ.①TS941.631

中国版本图书馆CIP数据核字(2012)第286938号

责任编辑:朱 彤　　　　　　　　　　文字编辑:王 琪
责任校对:陶燕华　　　　　　　　　　装帧设计:刘丽华

出版发行:化学工业出版社(北京市东城区青年湖南街13号　邮政编码100011)
印　　装:北京虎彩文化传播有限公司
787mm×1092mm　1/16　印张12$\frac{1}{2}$　字数307千字　2016年11月北京第1版第4次印刷

购书咨询:010-64518888　　　　　　　售后服务:010-64518899
网　　址:http://www.cip.com.cn
凡购买本书,如有缺损质量问题,本社销售中心负责调换。

定　　价:36.00元

前　言

　　《实用服装裁剪制板与样衣制作》一书在化学工业出版社出版以来，受到读者广泛关注与欢迎。在此基础上，编著者重新组织和编写了这套《实用服装裁剪制板与成衣制作实例系列》丛书。

　　本分册《衬衣与连衣裙篇》是该套《实用服装裁剪制板与成衣制作实例系列》分册之一，主要内容如下：衬衣和连衣裙是女装的基本品种，不仅单品造型变化多种多样，并且随着季节和穿着场合的变化，可分别与短裙或裤子、套装等品种搭配穿着，产生不同形式和风格的着装变化，深受女性的青睐，是每个爱美女性衣橱必备的服装品种。

　　本书以衬衣与连衣裙纸样结构变化原理与方法为主线，介绍了与衬衣和连衣裙裁剪制板密切相关的服装制板、原型应用、服装面料及算料和排料等基础内容，还用较大篇幅重点阐述了衬衣与连衣裙变化原理、款式纸样裁剪及样衣制作工艺等内容。书中列举了大量有代表性的衬衣与连衣裙裁剪制板实例，图文并茂，以便读者能够更好地理解本书介绍的原理方法与技巧。

　　本书共分为七章：第一章介绍了服装裁剪制板的基础知识，主要包括基本制板方法、人体测量、服装号型标准、放松量与成衣规格系列设计、服装制图符号及各部位代号等内容；第二章原型应用，主要包括女装原型的制作和原型在衬衣和连衣裙基本款式中的应用；第三章衬衣，主要包括衬衣的分类、领型和袖型的配置及流行款式裁剪实例；第四章连衣裙，主要包括连衣裙的分类、主要部位设计原理及流行款式裁剪实例，详细阐述了连衣裙的领型配置、腰线设计、分割设计、裙摆及开口的设计；第五章服装排料与用料，主要包括排料的技术要求、基本方法、工艺技巧、用料计算，以及有关面料的基础知识和衬衣与连衣裙常用规格；第六章衬衣样衣制作，主要包括衬衣典型部位制作工艺以及经典衬衣从裁剪、制板、排料，到缝制工艺流程和缝制工艺要求等内容；第七章连衣裙样衣制作，主要包括连衣裙典型部位制作工艺和经典连衣裙从裁剪、制板、排料，到缝制工艺流程和制作工艺要求等内容。

　　本书在编写过程中得到了众多专家及化学工业出版社相关人员的大力支持，在此深表感谢。由于时间所限，本书尚存有不足之处，敬请广大读者指正。

编著者

2013年1月

目 录

第一章　服装裁剪制板的基础知识 ————————————001

第一节　服装裁剪制板方法 ……………………… 001
一、平面法 ……………………… 001
二、立体法 ……………………… 003

第二节　人体测量 ……………………… 004
一、正常体型测量 ……………………… 004
二、特体测量注意事项 ……………………… 006

第三节　服装号型系列 ……………………… 007
一、服装号型基础知识 ……………………… 007
二、服装号型标准 ……………………… 008

第四节　服装放松量与成衣规格系列设计 ……………………… 014
一、放松量设计 ……………………… 014
二、成衣规格系列设计 ……………………… 015
三、应用成衣规格 ……………………… 020

第五节　服装制图符号及各部位代号 ……………………… 022
一、服装制图的线条和符号 ……………………… 022
二、服装结构图中各部位代号 ……………………… 022

第二章　原型应用 ————————————024

第一节　女装原型制作 ……………………… 024
一、女装上衣原型的绘制 ……………………… 024
二、裙子原型的绘制 ……………………… 027

第二节　原型应用 ……………………… 028
一、衬衣基础款设计 ……………………… 029
二、有腰线连衣裙基础款设计 ……………………… 030
三、无腰线连衣裙基础款设计 ……………………… 033

第三章　衬衣 ——————————————————————————037

第一节　衬衣概述 ………………………………… 037
一、衬衣的分类 ……………………………… 037
二、衬衣常用面料 …………………………… 038
三、衬衣各部位名称 ………………………… 038

第二节　衬衣领型配置 …………………………… 039
一、立领 ……………………………………… 039
二、平领 ……………………………………… 043
三、翻领 ……………………………………… 045

第三节　衬衣袖型配置 …………………………… 048
一、袖子的结构与分类 ……………………… 048
二、袖子的结构参数设计 …………………… 049
三、袖子结构设计及款式变化 ……………… 050

第四节　衬衣流行款式设计 ……………………… 058
一、合身束腰灯笼袖女衬衣 ………………… 058
二、胸部抽褶半袖女衬衣 …………………… 060
三、长袖镶拼女衬衣 ………………………… 062
四、宽松休闲半袖女衬衣 …………………… 064
五、七分袖束腰带女衬衣 …………………… 065
六、插肩袖镶花边套头女衬衣 ……………… 067

第四章　连衣裙 ————————————————————————068

第一节　连衣裙概述 ……………………………… 068
一、连衣裙的分类 …………………………… 068
二、连衣裙常用面料 ………………………… 070
三、连衣裙各部位名称 ……………………… 071

第二节　连衣裙领型配置 ………………………… 072
一、领线领的结构设计原理 ………………… 072
二、领线领的结构变化 ……………………… 074

第三节　连衣裙腰线的设计 ……………………… 078
一、标准腰线设计 …………………………… 078
二、高腰线设计 ……………………………… 081
三、低腰线设计 ……………………………… 084

第四节　连衣裙的分割线设计 …………………… 087
一、垂直分割线设计 ………………………… 087
二、水平分割线设计 ………………………… 087
三、斜向分割线设计 ………………………… 088

第五节　连衣裙裙摆的设计 ·· 088
　一、裙摆的变化幅度 ·· 088
　二、增大裙摆的方法 ·· 089
第六节　连衣裙开口的设计 ·· 093
　一、开口的部位 ·· 093
　二、开口的形式 ·· 093
　三、开口的长度 ·· 093
第七节　连衣裙流行款式设计 ·· 094
　一、高腰礼服裙 ·· 094
　二、中式立领小礼服 ·· 097
　三、V领宽摆连衣裙 ··· 098
　四、立领长袖低腰连衣裙 ·· 101
　五、圆领帽袖连衣裙 ·· 104
　六、荷叶领披肩连衣裙 ·· 105
　七、小翻领公主线连衣裙 ·· 107
　八、大翻领无袖塔式裙 ·· 109
　九、荷叶披肩领连衣裙 ··111
　十、圆领插肩袖连衣裙 ·· 115
　十一、低腰塔式裙 ·· 116
　十二、圆领披肩袖连衣裙 ·· 119
　十三、V字领连肩袖连衣裙 ··· 121
　十四、露肩吊带连衣裙 ·· 125

第五章　服装排料与用料 ────────────────── 129

第一节　排料的技术要求和基本方法 ······································ 129
　一、排料的技术要求和基本方法 ·· 129
　二、排料的工艺技巧 ·· 131
第二节　用料计算 ·· 132
　一、服装面料的基本知识 ·· 132
　二、常用成衣规格尺寸表 ·· 134
　三、服装用料计算方法 ·· 135

第六章　衬衣样衣制作 ─────────────────── 145

第一节　衬衣典型部位制作 ·· 145
　一、有底领的衬衣领的缝制方法 ·· 145
　二、半开襟明门襟的缝制方法 ·· 149
第二节　经典衬衣样衣制作 ·· 153
　一、款式说明 ·· 153

二、结构设计 ·································· 154

三、裁片与辅料 ······························· 154

四、排料图 ··································· 156

五、缝制工艺流程 ···························· 157

六、缝制工艺与要求 ·························· 158

第七章　连衣裙样衣制作 —————————————— 165

第一节　连衣裙典型部位制作 ················· 165

一、V形领的缝制方法 ······················· 165

二、领口和袖窿贴边的缝制方法 ·············· 172

第二节　经典连衣裙样衣制作 ················· 177

一、款式说明 ································· 177

二、结构设计 ································· 178

三、裁片与辅料 ······························· 179

四、排料图 ··································· 181

五、缝制工艺流程 ···························· 183

六、缝制工艺与要求 ·························· 184

参考文献 ————————————————————————— 192

第一章 服装裁剪制板的基础知识

第一节 服装裁剪制板方法

服装裁剪制板是在研究服装构成特点、结构变化规律和造型工艺技术应用的基础上，以服装的平面展开形式——服装结构制图，揭示服装与人体的关系、服装各部位相互关系以及服装由平面到立体的转化规律，并且完成工业生产样板的设计与制作。它的最终目的是为了高效而准确地进行服装的工业化生产。

服装裁剪制板的方法有多种，虽然都是以人体形态为依据，以合体适穿为目的，但是按设计方式的不同可分为平面的方法和立体的方法两大类。

一、平面法

平面结构设计按各自对于体型的测量部位和方法、对于所测尺寸的配置、使用以及对于制图裁剪的程序、方式等方面的不同又可分为比例法、原型法、基型法和短寸法等。

1. 比例法

比例法也称成品尺寸比例分配制图法，是一种直接制图的方法。它是通过人体测量得到人体基本部位尺寸（如胸围、腰围、臀围、颈围等），按款式、季节、材料质地和穿着爱好等不同，加上适当的松量得到成品尺寸，再以此为基础按比例进行直接分配和计算，定出衣片各部位尺寸的样板设计方法。例如，上衣的胸宽、背宽、袖窿深等与胸围关系密切，则以胸围的尺寸为基数，求得这几个部位所需的量，然后在平面上直接绘出衣片的图形。

比例法是在服装领域中应用最为广泛的服装裁剪制板方法之一，已经在中国服装企业中使用并沿袭多年，并且至今仍是服装企业主要板型设计手段，经过不断发展完善，已经形成了一个完整的体系。使用比例法进行的服装结构设计过程可以概括为：人体测量—加放松量—按比例计算—绘制结构图四大步骤，可以用于在布料上直接裁剪。

比例法的特点是以几个主要长度和围度尺寸，按一定的比例公式，推导出其他的部位尺寸。其优点是用于传统常规款式的比例分配公式较成熟，各部位尺寸都能按比例公式进行分配计算，精确度较高，而且具有低成本、高效率、直接、快捷等优点。但也存在一些不足之处，一方面，比较适合于传统的已定型的服装款式，对结构变化复杂的款式较难确定其比例公式，要求操作人员需要有足够的结构设计经验，才能把握款式的变化。另一方面，由于比例法中的制图公式不统一，如分数式分母的确定，不同的制板师习惯各异，不同的地区方法也各不相同，互不统一，使得不同的比例法在特定的条件下都有其正确性的一面，如果离开了特定的条件，任何比例法都反映出它的局限性。

2. 原型法

所谓"原型"是指通过平面的或立体的方式获得的，反映人体外形轮廓的平面展开图，也称服装的基本型或母型。其中，平面的方法是指根据人体净尺寸经公式计算绘制成服装的基本型；立体的方法是指在人台上通过立体裁剪而获取的最简洁衣型。原型法是指在原型的基础上，根据服装款式的具体要求，运用一套完整系统的理论，进行板型设计的方法。

原型法的设计过程实际上包含着两个部分的内容：首先是绘制服装原型，这时的原型只能作为各种款式服装板型设计的基础依据，不能直接当作服装板型；第二步是在原型的基础上，按照具体的服装款式再绘制服装的板型结构图，包括对所设计服装的品种、款式、造型及主要长度、围度规格的具体设定，逐个部位地按原型加以放缩、进行省道及结构线设计、修饰处理等再造型，并且配置领、袖等零部件。原型法属于间接的服装裁剪制板方法。

（1）原型法的特点

① 净尺寸制图。原型在绘制的过程中，使用人体净尺寸按比例分配后加放松量的方法，这既符合人体共性化的需要，又能适应服装各部位松量的不同需要。

② 简便易学，款型变化方法灵活多样。绘制原型时，只要测量少量的数据，最大限度地降低测量的误差，操作简单；款式变化时，可以根据款式的需要，十分直观地应用加放、收缩、分割等手段，迅速而准确地绘制出各种款式样板，而不需要像比例法那样要记住许多公式，既简便又灵活。

③ 可以长期反复使用。原型法虽然要先绘制原型，再进行具体款式的板型设计。但是，一定的原型，只要本人的体型不发生变化，即可长期使用；尤其是在工业化的批量生产中，可按照国家号型标准制作出各个号型的原型，可以供长期反复使用。

④ 形式简洁，适应性广。原型制图时只需要几个主要部位的尺寸，例如上衣身原型的绘制只需要胸围和背长尺寸即可，对于同一号型不同体型的板型，采用在绘制具体款式的板型时一并处理，这样就可以利用有限的几个原型制作出多个号型系列和不同体型的服装板型。

⑤ 需要全面的服装专业知识结构作基础。原型制图只需几个主要部位的尺寸数据即可，较为简单。但精确地绘制原型、灵活地使用原型，使之准确地体现出所需服装的各种款型变化，及其各部位适度的规格尺寸，则必须具备服装结构的相关知识、造型艺术等方面的修养与判断能力。如各个部位按款式变化的收、放与配置规律，不同款式的省道、褶裥变化原理及线条分割、结构断缝的造型原理，各种门襟、领型及袖型的不同配置方法与画法等。

⑥ 具有较完整的理论体系，可操作性强。原型法有一整套比较完善的剪切、展开和省缝转移等结构设计理论，适用于款式较复杂的时装的结构设计，它具有形象化便于理解的特点和进一步阐述服装变化原理等作用。原型法在理论上普遍被现代服装教育所接受，并且在世界各国广泛使用。

（2）原型法的分类　原型的分类方法有多种：按穿着人群可以分为女装原型、男装原型和童装原型；女装原型按年龄又可以细分为少女原型、青年原型、妇女原型；按人体结构可以分为上身原型、下身（裙子或裤子）原型及手臂（袖子）原型；按服装品种又可以分为衬衫原型、套装原型、外套原型、裙装原型和裤装原型等。

另外，不同的国家和地区、不同人种、不同体型的人群其原型也应不同。服装工业较发达的国家都有自己的服装原型，如英式原型和美式原型，文化式原型和登丽美式原型是两种较为典型的日本原型。如今，一个成熟的服装企业针对自己的销售对象，都有自己的工业原型，它包含着服装企业的文化和技术内涵。

原型法是由国外传入我国的一种服装裁剪制板方法，由于我国人体体型和文化与邻国日本比较接近，所以日本原型法对我国影响较大。20世纪80年代初期，随着我国高校服装专业的兴起，日本原型法被引入我国，并且逐步被吸收和转化，形成了符合我国国情的原型法。

3. 基型法

基型法是以衣片整体形态为服装基型纸样进行服装裁剪制板的方法。所谓"基型"是指某一特定类别服装的基础样板，如上衣基型、内衣基型、外套基型等。基型法以经常使用的服装标准纸样为基础样板，再根据需要在局部稍加修改，变成新的款式。作为基型的样板一般是某一品种中造型最简单的基础款式样板，如普通西裤是裤装的基型。基型法方便、快捷，这种方法以人为本，适用于各种款式变化，广泛被企业所采用，如衬衫基型、西服基型、大衣基型等。

基型法与原型法相比，都是运用纸型剪切、展开和比例分配等构成方法，在基本框架或基础纸样上绘制板型，因此都具有良好的简便性与灵活性。

二者的本质差别在于：原型制图法中原型板的各部位制图尺寸是在人体的净体尺寸基础上加上最基本的放松量；而基型法中基型的绘制是以某一特定类型服装的成衣尺寸为基础的。以男上衣为例，原型法中的基础原型可适用于衬衫、西装、夹克衫等不同服装品种的制板，而基型法中的某一基型只能适用于其所针对的特定类型的服装品种。另外，基型法形成时间不长，没有形成一套完整而又严密的理论体系，有待于进一步完善。

4. 短寸法

短寸法是利用测量数据直接进行服装裁剪制板的方法，和比例法一样同属于直接制图的方法。

短寸法强调对人体测量尽可能多的部位，除了主要控制部位外，还要对细节和局部尺寸进行测量，以便直接用于制图，取得合体效果。如在量衣长时加量腰节位，在量总肩宽时加量小肩宽，在量胸围时加量胸宽及背宽尺寸，针对女装还要加量乳下度和乳间距，袖子除了测量袖长、袖口肥，还加量臂上围和中围及肘围尺寸。直接测体尺寸的短寸法，虽然测体较为烦琐，但制图裁剪的准确性较高，现在多数服装来样加工企业中，按样衣制板的板型设计均采用此种方法。

短寸法突出的特点是多数部位尺寸取自人体测量或成衣测量，故在裁剪法的分类上也可自成一类。

二、立体法

立体法又称立体裁剪法，是将面料直接覆盖在人体或人体模型上，根据款式要求和面料的性能，通过折叠、收省、聚集、提拉等手法达到款式要求的服装主体形态，在造型的同时裁去多余的面料并别样固定，从而使设计具体化，故有"软雕塑"之称。

立体裁剪起源于欧洲，早在13世纪，欧洲的一些国家已采用立体裁剪法来裁制衣服并沿用至今。操作所用的主要工具是人体模型，人体模型的尺寸应尽量与穿着者的人体尺寸相一致，面料在人体模型上别样和修正时，要注意面料的丝缕方向。立体裁剪是一种模拟人体穿着状态的裁剪方法，可以直接感知成衣的穿着形态、特征及松量等，因而制作的服装贴合人体，衣身线条自然流畅，是一种最简便、最直接的观察人体体型与服装构成关系的裁剪方法，这是平面裁剪所无法比拟的。但立体法也有它的局限性，由于人体模型和人体之间存在一定的差异，使服装的放松量不好估计，手法难以掌握，同时设计成本高，效率低，不适用于工业化大生产，而在高级时装制作和表演性、艺术性强的服装领域中有所运用。

应当指出的是，无论是平面法还是立体法都是随着人们对服装与人体结构的客观规律认识的不断深入，而不断发展和完善的，各有所长，各种方法应用起来虽有差异，但基本原理是相同的，都是为了使服装和人体完美结合。在现代服装裁剪制板过程中，往往将平面的比例法、原型法及立体法有机地结合起来使用，做到扬长避短，只有这样才能得到高效准确的服装造型。

第二节　人体测量

人体测量是指先对设计对象的有关部位进行净体测量，然后根据不同的设计要求加放松量，完成成衣的规格设计，为成衣设计、生产环节提供重要的理论依据。测量是采集人体各部位尺寸的必要手段，人体测量的真正意义并不在于获得一组数据，关键在于通过测量了解人体结构与服装板型结构相关部位的条件关系，树立以人体结构为根本的服装结构设计理念。

通过人体测量，可以准确采集体型和胖瘦相异的每个人的人体测量数据，这种采集人体尺寸的方法，更适用于对服装造型与合体度要求较高的单件服装量身定制加工。

一、正常体型测量

（一）测量注意事项

（1）净体测量　净体规格即号型规格，是设计服装成衣规格的基础条件。在操作时要求被测量者穿紧身衣自然站立等待测量，以保证测量结果的准确性。为板型设计环节能够正确分析定量（净体规格）与变量（放松量）的条件关系，准确把握廓型结构形式提供理论依据。

（2）定点测量　在测量时对被测量者的体征特点及着装习惯要有准确的了解，以便于结合廓型创意准确把握人体结构与服装结构相关部位的条件关系，以此求得人体各部位规格与成衣各部位规格的吻合度。

（3）公制测量　按照国际标准，在测量过程中使用公制长度"cm"为单位计量。

（二）测量部位和测量方法

人体测量部位主要包括长度方向和围度方向两类。其中长度方向有衣（连衣裙）长、前腰节、后腰节、腰长、袖长、裤（半截裙）长等；围度方向有胸围、腰围、臀围、头围、颈根围、臂根围、臂围、腕围、肩宽、背宽、胸宽等。

测量时，被测量者取站立姿态，并且在正常呼吸和放松的状态下进行，测量方法如图1-1所示，测量的部位如下。

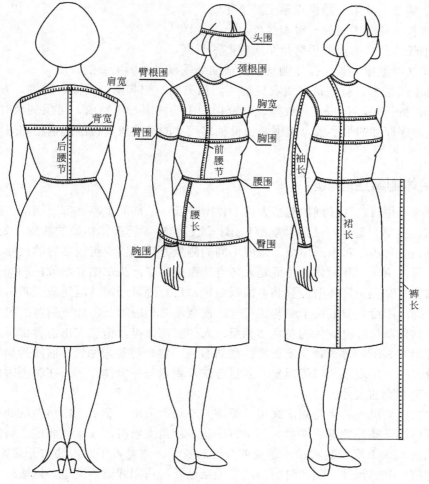

图1-1 人体测量

（1）胸围　在胸部最丰满处水平围量一周。

（2）腰围　在腰部最细处水平围量一周。

（3）臀围　在臀部最丰满处水平围量一周。

（4）头围　以前额丘和后枕骨为测点，用软尺围量一周。

（5）颈根围　在颈根部，经前颈点、侧颈点、后颈点（第七颈椎点）围量一周。

（6）臂根围　过肩点、前后腋点围量一周。

（7）臂围　在上臂最丰满处水平围量一周。

（8）腕围　在腕部以尺骨头为测点水平围量一周。

（9）肩宽　从人体背部水平量取左右肩端点之间的距离。

（10）背宽　测量后腋点之间的距离。后腋点是指人体自然站立时，后背与上臂会合所形成夹缝的止点。

（11）胸宽　测量前腋点之间的距离。前腋点是指人体自然站立时，胸与上臂会合所形成夹缝的止点。

（12）衣（连衣裙）长　从侧颈点过胸点垂直量制所需的长度。

（13）前腰节　从侧颈点过胸点量至腰节线处。

（14）后腰节　从第七颈椎点量至腰节线处。

（15）腰长　从腰围线量至臀围线处。

（16）袖长　从肩端点顺手臂量至所需要的长度。

（17）裤（半截裙）长　在体侧从腰部最细处垂直量至所需要的长度。

以上测量部位中，有些是与成衣规格密切相关的，如胸围、腰围、臀围、衣（裙）长、肩宽、袖长、裤长等，有些是与板型设计密切相关的内限参考数值，可供制板时参考使用。如臂根围是袖窿尺寸的最小值，腕围是长袖袖口尺寸的最小值，臂围是袖肥和短袖袖口尺寸的参考值。

二、特体测量注意事项

测量特殊体型时，要仔细地观察人体的体型特征。从前面观察肩部、胸部、腰部，从侧面观察背部、腹部、臀部，从后面观察肩部。通过观察了解人体体型的特殊之处，如挺胸、腆腹、溜肩、驼背等。对不同体型，采取不同的测量方法，以求得较准确的尺寸。

（1）驼背体测量　驼背体的特征是人体背部突出且宽，头部略向前倾，胸部平坦；后背宽大于前胸宽。穿上正常体型的服装，前长后短，后片绷紧起吊。测量重点是：长度主要量准前后腰节高，围度主要取决于胸背宽尺寸。在制图时相应加长、加宽后背的尺寸。

（2）挺胸体测量　挺胸体与驼背体相反，人体胸部前挺，饱满突出，背部平坦，头部略向后仰，前胸宽大于后背宽。穿上正常体型的服装，就会使前胸绷紧，前衣片显短，后衣片显长，前身起吊，出现搅止口等现象。测量方法及重点与驼背体相同。在制图时则相反，相应加长、加宽前胸的尺寸。

（3）大腹体测量　特征是腹部突出，臀部并不显著突出，穿上正常体型的西裤，会使腹部绷紧，腰口线下坠，侧缝袋绷紧。测量方法是：测量上衣时，要测量腹围、臀围和前后身衣长；制图时加大下摆和前衣长，避免前身短后身长。测量裤子时，要放开腰带测量腰围，同时要加测前后立裆尺寸；制图时前裆线要适当延长，后裆线适当变短，以适应体型。

（4）凸臀体测量　特征是臀部丰满、凸出。穿上正常体型的西裤，会使臀部绷紧，后裆宽卡紧。测量时要加测后裆尺寸，以便制图时调整加长后裆线。

（5）罗圈腿测量　特征是膝盖部位向外弯，呈O形，穿上正常体型的西裤，会形成侧缝线显短而使其向上吊起，下裆缝显长而使其起皱，并且形成烫迹线向外侧偏等现象。要求裤子侧缝线变长，测体时要加测下裆长和侧缝线，以便做相应调整。

（6）X形腿测量　特征是膝盖以下至脚跟向外撇，呈八字形，穿上正常体型的西裤，会使下裆缝因显短而向上吊起，侧缝线则因显长而起皱，烫迹线向内侧偏。要求裤子内侧线延长。测量同罗圈腿。

（7）端肩或溜肩体测量　正常体型的第七颈椎点水平线与肩端点的垂直距离是4.5～6cm，小于4.5cm者为端肩，大于6cm者为溜肩。测体时应加测肩水平线和肩端点的垂直距离，以便制图时调整。

端肩是指两肩端平，呈T形，穿上正常体型的服装，就会使上衣肩部拉紧，止口豁开。测体时应加测肩水平线与肩端点的垂直距离，制图时减小前后肩斜度（抬高肩斜），袖窿深线相应抬高。溜肩是指两肩塌，呈个字形。穿上正常体型的服装，会使两肩部位起褶，出现搅止口等现象。测量方法及重点与端肩相同。制图时增大前后肩斜度（放低肩斜），袖窿深线相应放低。

第三节　服装号型系列

一、服装号型基础知识

《服装号型》标准既是成衣大生产模式下成衣规格设计的技术依据，也是消费者选购服装产品的标识，同时还是服装质量检验的重要理论依据。服装企业制定产品生产计划书，通常采用单一体型系列号型的配比方式，以同一款式、同一体型类别为标准生产系列号型产品，这样有助于提高服装产品销售的可操作性。同理，设计师进行工业样板设计，从同一体型类别的系列号型中确定小号或中间号作为初始样板号型，设计该号型的板型结构图，经过试样、调整后确认为母板，然后根据号型均差值再制作（缩放）其他号型样板，即可得到全部号型规格的工业系列样板。显然，识别人体体型类别建立系统的号型序列便成为设计成衣规格首先要解决的问题。

1. 号型定义

（1）号　是指人体的身高，以"cm"为单位表示，是设计和选购服装长度的依据。

（2）型　是指人体的净胸围或净腰围，以"cm"为单位表示，是设计和选购服装围度的依据。

2. 体型分类

我国以人体的胸围与腰围的差数为依据来划分体型，并且将体型分为四类，见表1-1，体型分类代号分别为Y、A、B、C。

表1-1　体型分类　　　　　　　　　　　　　　　　　单位：cm

体型分类代号	Y	A	B	C
女性胸腰差数	19～24	14～18	9～13	4～8
男性胸腰差数	17～22	12～16	7～11	2～6

体型代号表示体型特征。Y体型为胸围与腰围差距很大的较瘦体型或运动员体型，该体型宽肩细腰，呈扇面形状，属于扁圆形体态；A体型为胖瘦适中的标准体型；B体型为胸围丰满、腰围微粗的丰满体型；C体型为胸围丰满、腰围较粗的较胖体型，属于圆柱形体态。从Y体型到C体型人体胸腰差依次减小。从表1-2我国成年人各体型在总量中的比例可以看出，大多数人属于A体型和B体型，其次是Y体型，C体型最少。因此在服装企业里，批量生产的服装以A体型和B体型为主。Y、A、B、C四种体型都为正常人体型，约有1%的女性和3%的男性体型不属于这四种正常体型。

表1-2　我国成年人各体型在总量中的比例　　　　　　　　单位：%

体型		Y	A	B	C	不属于所列四种体型
各体型占总量比例	女性	14.82	44.13	33.72	6.45	0.88
	男性	20.98	39.21	28.65	7.92	3.24

3. 号型标识

内销的服装商品必须标明号型，以便于消费者有针对性地进行购买。其中，套装中的上下装必须分别标明号型。

服装号型的表示方法为：号／型 体型分类代号。例如，上装，160/84 A；下装，160/68 A。

4. 号型系列

把人体的号和型进行有规则的分档排列即为号型系列。在国家《服装号型》标准中规定身高以5cm分档，胸围以4cm分档，腰围以4cm或2cm分档。分档的数值称为档差。档差为5cm的身高与档差为4cm的胸围搭配组成上衣的5·4号型系列；档差为5cm的身高与档差为4cm的腰围搭配组成下衣的5·4号型系列；档差为5cm的身高与档差为2cm的腰围搭配组成下衣的5·2号型系列。即上装采用5·4系列，下装采用5·4系列和5·2系列。

国家服装号型标准在设置号型时，各体型的覆盖率即人口比例大于等于0.3%时，就设置号型。同时还增设了一些比例虽小但具有一定实际意义的号型，使得调整后的服装号型覆盖面，男性达到96.15%，女性达到94.72%，总群体覆盖面为95.46%。表1-3是国家服装号型标准对身高、胸围和腰围规定的分档范围。

表1-3 服装号型分档范围和档差   单位：cm

部位	身高	胸围	腰围
女性	145～180	68～112	50～106
男性	155～190	72～116	56～112
档差	5	4	4或2

5. 号型应用

身高分档中每个号的适用范围为号-2cm～号+2cm；胸围分档中每个胸围的适用范围为胸围-2cm～胸围+1cm；腰围分档中每个腰围的适用范围为腰围-2cm～腰围+1cm或腰围-1cm～腰围。例如，上装号型标识160/84 A的含义是：该服装适合于身高为158～162cm，胸围为82～85cm，A体型的人穿着。下装号型标识160/68 A的含义是：该服装适合身高为158～162cm，腰围为66～69cm（采用5·4系列）或67～68cm（采用5·2系列），A体型的人穿着。

对服装企业来说，在选择和应用号型系列时应注意以下几点。

① 必须从标准规定的各系列中选用适合产品销售地区的号型系列。

② 无论选用哪个系列，应根据每个号型在所销售地区的人口比例和市场需求情况，相应地安排生产数量。各体型人体的比例、分体型、分地区的号型覆盖率可参考标准，同时应该注意要生产一定比例的特大和特小的号型，以满足各部分人的穿着需求。

③ 标准中规定的号型不够用时，即使这部分人占的比例不大，也可扩大号型设置范围，以满足他们的要求。扩大号型范围时，应按各系列所规定的分档数和系列数进行。

二、服装号型标准

1. 号型系列

表1-4～表1-7是女性各类体型5·4、5·2号型系列。

表1-4 女性Y体型5·4、5·2号型系列   单位：cm

胸围	腰围													
	身高145		身高150		身高155		身高160		身高165		身高170		身高175		身高180
72	50	52	50	52	50	52	50	52							
76	54	56	54	56	54	56	54	56	54	56					

胸围	身高145		身高150		身高155		身高160		身高165		身高170		身高175		身高180	
80	58	60	58	60	58	60	58	60	58	60	58	60				
84	62	64	62	64	62	64	62	64	62	64	62	64	62	64		
88	66	68	66	68	66	68	66	68	66	68	66	68	66	68		
92			70	72	70	72	70	72	70	72	70	72	70	72		
96					74	76	74	76	74	76	74	76	74	76		
100							78	80	78	80	78	80	78	80	78	80

表1-5　女性A体型5·4、5·2号型系列　　　　　单位：cm

胸围	身高145			身高150			身高155			身高160			身高165			身高170			身高175			身高180		
72				54	56	58	54	56	58	54	56	58												
76	58	60	62	58	60	62	58	60	62	58	60	62	58	60	62									
80	62	64	66	62	64	66	62	64	66	62	64	66	62	64	66	62	64	66						
84	66	68	70	66	68	70	66	68	70	66	68	70	66	68	70	66	68	70	66	68	70			
88	70	72	74	70	72	74	70	72	74	70	72	74	70	72	74	70	72	74	70	72	74	70	72	74
92				74	76	78	74	76	78	74	76	78	74	76	78	74	76	78	74	76	78	74	76	78
96							78	80	82	78	80	82	78	80	82	78	80	82	78	80	82	78	80	82
100										82	84	86	82	84	86	82	84	86	82	84	86	82	84	86

表1-6　女性B体型5·4、5·2号型系列　　　　　单位：cm

胸围	身高145		身高150		身高155		身高160		身高165		身高170		身高175		身高180	
68			56	58	56	58	56	58								
72	60	62	60	62	60	62	60	62	60	62						
76	64	66	64	66	64	66	64	66	64	66						
80	68	70	68	70	68	70	68	70	68	70	68	70				
84	72	74	72	74	72	74	72	74	72	74	72	74	72	74		
88	76	78	76	78	76	78	76	78	76	78	76	78	76	78	76	78
92	80	82	80	82	80	82	80	82	80	82	80	82	80	82	80	82
96			84	86	84	86	84	86	84	86	84	86	84	86	84	86
100					88	90	88	90	88	90	88	90	88	90	88	90
104							92	94	92	94	92	94	92	94	92	94
108							96	98	96	98	96	98	96	98	96	98

表1-7　女性C体型5·4、5·2号型系列　　　　　　　　单位：cm

胸围	腰围															
	身高145		身高150		身高155		身高160		身高165		身高170		身高175		身高180	
68	60	62	60	62	60	62										
72	64	66	64	66	64	66	64	66								
76	68	70	68	70	68	70	68	70								
80	72	74	72	74	72	74	72	74	72	74						
84	76	78	76	78	76	78	76	78	76	78	76	78				
88	80	82	80	82	80	82	80	82	80	82	80	82				
92			84	86	84	86	84	86	84	86	84	86	84	86		
96			88	90	88	90	88	90	88	90	88	90	88	90	88	90
100			92	94	92	94	92	94	92	94	92	94	92	94	92	94
104					96	98	96	98	96	98	96	98	96	98	96	98
108							100	102	100	102	100	102	100	102	100	102
112									104	106	104	106	104	106	104	106

2. 中间体

根据大量的实测人体数据，通过计算求出平均值，即为中间体。它反映了我国成年男女各类体型的身高、胸围、腰围等部位的平均水平，具有一定的代表性。设计服装规格时，必须以中间体为中心，按一定的分档数值，向上下、左右推档组成规格系列。但中间体号型是指在人体测量的总数中占有最大比例的体型，国家设置中间标准体号型是就全国范围而言，由于各个地区情况会有差别，因此，对中间号型的设置应视各地区的具体情况及产品销售方向而定，但号型规定的系列不变。中间体的设置见表1-8。

表1-8　成年男女各类体型的中间体设置　　　　　　　　单位：cm

性别	部位	Y	A	B	C
女性	身高	160	160	160	160
	胸围	84	84	88	88
男性	身高	170	170	170	170
	胸围	88	88	92	96

3. 人体控制部位

人体控制部位数值是设计成衣规格的依据。在成衣规格的设计中，主要决定部位是身高、胸围和腰围，但仅仅有这三个部位是远远不够的，于是国家《服装号型》标准附录中给出了人体十个主要部位的数值，这十个部位称为控制部位，长度方面有身高、颈椎点高、坐姿颈椎点高、全臂长、腰围高；围度方面有胸围、腰围、臀围、颈围、总肩宽，人体各控制部位的测量方法见表1-9，人体各控制部位测量如图1-2所示。我国女性不同体型各中间体控制部位的数值及分档数值见表1-10～表1-13。

表1-9　人体各控制部位的测量方法

序号	部位	被测量者姿势	测量方法
1	身高	赤足取立姿放松	用测高仪测量从头顶至地面的垂距
2	颈椎点高	赤足取立姿放松	用测高仪测量从颈椎点至地面的垂距
3	坐姿颈椎点高	取坐姿放松	用测高仪测量从颈椎点至凳面的垂距
4	全臂长	取立姿放松	用圆杆直角规测量从肩峰点至桡骨茎突点的直线距离
5	腰围高	赤足取立姿放松	用测高仪测量从腰围点至地面的垂距
6	胸围	取立姿正常呼吸	用软尺测量经乳头点的水平围长
7	颈围	取立姿正常呼吸	用软尺测量从喉结下2cm经第七颈椎点的围长
8	总肩宽（后背横弧）	取立姿放松	用软尺测量左右肩峰点间的水平弧长
9	腰围（最小腰围）	取立姿正常呼吸	用软尺测量在肋弓与髂嵴之间最细部的水平围长
10	臀围	取立姿放松	用软尺测量臀部向后突出部位的水平围长

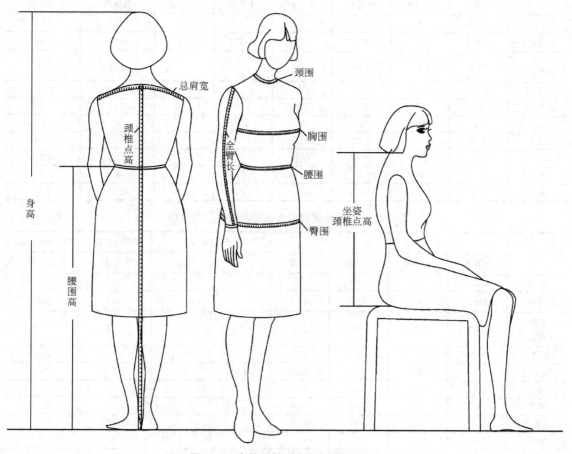

图1-2　人体各控制部位测量示意图

表1-10　女性Y体型控制部位数值及分档数值　　　　　　　　　　　　　单位：cm

部位	中间体		5·4系列		5·2系列		身高、胸围、腰围每增减1cm	
	计算数	采用数	计算数	采用数	计算数	采用数	计算数	采用数
身高	160	160	5	5	5	5	1	1
颈椎点高	136.2	136.0	4.46	4.00			0.89	0.80
坐姿颈椎点高	62.6	62.5	1.66	2.00			0.33	0.40
全臂长	50.4	50.5	1.66	1.50			0.33	0.30
腰围高	98.2	98.0	3.34	3.00	3.34	3.00	0.67	0.60
胸围	84	84	4	4			1	1
颈围	33.4	33.4	0.73	0.80			0.18	0.20
总肩宽	39.9	40.0	0.70	1.00			0.18	0.25
腰围	63.6	64.0	4	4	2	2	1	1
臀围	89.2	90.0	3.12	3.60	1.56	1.80	0.78	0.90

表1-11　女性A体型控制部位数值及分档数值　　　　　　　　　　　　　单位：cm

部位	中间体		5·4系列		5·2系列		身高、胸围、腰围每增减1cm	
	计算数	采用数	计算数	采用数	计算数	采用数	计算数	采用数
身高	160	160	5	5	5	5	1	1
颈椎点高	136.0	136.0	4.53	4.00			0.91	0.80
坐姿颈椎点高	62.6	62.5	1.65	2.00			0.33	0.40
全臂长	50.4	50.5	1.70	1.50			0.34	0.30
腰围高	98.1	98.0	3.37	3.00	3.37	3.00	0.68	0.60
胸围	84	84	4	4			1	1
颈围	33.7	33.6	0.78	0.80			0.20	0.20
总肩宽	39.9	39.4	0.64	1.00			0.16	0.25
腰围	68.2	68	4	4	2	2	1	1
臀围	90.9	90.0	3.18	3.60	1.60	1.80	0.80	0.90

表1-12　女性B体型控制部位及数值分档数值　　　　　　　　　　　　　单位：cm

部位	中间体		5·4系列		5·2系列		身高、胸围、腰围每增减1cm	
	计算数	采用数	计算数	采用数	计算数	采用数	计算数	采用数
身高	160	160	5	5	5	5	1	1
颈椎点高	136.3	136.5	4.57	4.00			0.92	0.80
坐姿颈椎点高	63.2	63.0	1.81	2.00			0.36	0.40
全臂长	50.5	50.5	1.68	1.50			0.34	0.30
腰围高	98.0	98.0	3.34	3.00	3.30	3.00	0.67	0.60
胸围	88	88	4	4			1	1
颈围	34.7	34.6	0.81	0.80			0.20	0.20
总肩宽	40.3	39.8	0.69	1.00			0.17	0.25
腰围	76.6	78.0	4	4	2	2	1	1
臀围	94.8	96.0	3.27	3.20	1.64	1.60	0.82	0.80

表1-13 女性C体型控制部位数值及分档数值　　　　　　　　　　　　　　　　　　　单位：cm

部位	中间体		5·4系列		5·2系列		身高、胸围、腰围每增减1cm	
	计算数	采用数	计算数	采用数	计算数	采用数	计算数	采用数
身高	160	160	5	5	5	5	1	1
颈椎点高	136.5	136.5	4.48	4.00			0.90	0.80
坐姿颈椎点高	62.7	62.5	1.80	2.00			0.35	0.40
全臂长	50.5	50.5	1.60	1.50			0.32	0.30
腰围高	98.2	98.0	3.27	3.00	3.27	3.00	0.65	0.60
胸围	88	88	4	4			1	1
颈围	34.9	34.8	0.75	0.80			0.19	0.20
总肩宽	40.5	39.2	0.69	1.00			0.17	0.25
腰围	81.9	82	4	4	2	2	1	1
臀围	96.0	96.0	3.33	3.20	1.66	1.60	0.83	0.80

对于服装裁剪制板来讲，仅此十个部位尺寸有时仍不能满足技术上的需要，还应该增加一些其他部位的尺寸，才能更好地把握人体的结构形态和变化规律，准确地进行纸样设计。获取这些数据有两种方法：最基本的一种方法是人体测量和数据处理；另一种方法是人体测量数据结合经验数据加以确定。表1-14给出了中国女性人体参考尺寸。

表1-14 中国女性（5·4系列A体型）人体参考尺寸　　　　　　　　　　　　　　　单位：cm

号型 部位	150/76	155/80	160/84	165/88	170/92
1.胸围	76	80	84	88	92
2.腰围	60	64	68	72	76
3.臀围	82.8	86.4	90	93.6	97.2
4.颈围	32/35	32.8/36	33.6/37	34.4/38	35.2/39
5.上臂围	25	27	29	31	33
6.腕围	15	15.5	16	16.5	17
7.掌围	19	19.5	20	20.5	21
8.头围	54	55	56	57	58
9.肘围	27	28	29	30	31
10.腋围（臂根围）	36	37	38	39	40
11.身高	150	155	160	165	170
12.颈椎点高	128	132	136	140	144
13.前长	38	39	40	41	42
14.背长	36	37	38	39	40
15.全臂长	47.5	49	50.5	52	53.5
16.肩至肘	28	28.5	29	29.5	30
17.腰至臀（腰长）	16.8	17.4	18	18.6	19.2
18.腰至膝	55.2	57	58.8	60.6	62.4

部位 \ 号型	150/76	155/80	160/84	165/88	170/92
19.腰围高	92	95	98	101	104
20.股上长	25	26	27	28	29
21.肩宽（总肩宽）	37.4	38.4	39.4	40.4	41.4
22.胸宽	31.6	32.8	34	35.2	36.4
23.背宽	32.6	33.6	35	36.2	37.4
24.乳间距	17	17.8	18.6	19.4	20.2
25.袖窿长	41	41	43	45	47

注：1. 表中袖窿长不是人体尺寸，是服装结构尺寸。

2. 颈围32/35，32指的是净围度，35指的是实际领围尺寸。

第四节　服装放松量与成衣规格系列设计

成衣规格是服装裁剪制板的尺寸依据，根据生产方式的不同，其设计依据通常来源于成衣测量、人体测量和国家服装号型标准。仿制市场上畅销的成衣或按照客户来样订单生产的成衣板型设计，常采用成衣测量方法；为个人定制合体度要求较高的服装或满足特殊造型需要的时装板型设计，常采用个体测量后加放松量的方法；为内销成衣市场批量化生产的成衣板型设计，常参照国家颁布的《服装号型》标准，选择适合的号型系列。

一、放松量设计

服装穿在人体上不仅要舒适、美观，并且应便于人的活动，成衣规格必须在人体测量尺寸基础上追加一定的松量，才能满足服装的穿用功能。松量是服装与人体之间的空隙，包括生理松量和设计松量，分别满足服装的功能性和造型性的要求。生理松量是以满足人体正常呼吸、坐、走等基本生理活动为基础的松量；设计松量是以服装的造型因素为基础的，主要是由服装的廓型和合体程度共同决定的，同时还受到面料性能、体型等因素的影响。其中长度部位的松量设计与款式的关联度较高，具有很大的不确定性，例如，腰部抽松紧带的款式，前后腰节都要加放一定的松量；围度部位的松量与合体程度关联度较高，具有一定的规律性。

（一）服装围度的生理松量

服装围度的生理松量是指服装围度的最小放松量。在被测量者自然站立、正常呼吸的情况下，测量得到的尺寸是人体净尺寸。如果被测量者做深呼吸，胸部扩张约2～4cm。因此，衣身胸围的最小放松量是2～4cm。人在进餐前后，人体的腰围尺寸将约有1.5cm的变化量。当人坐、蹲时，皮肤随动作发生横向变形使围度尺寸增加，表1-15是各种运动引起的腰围、臀围变化量。当人坐在椅子上时，腰围平均增加1.5cm；席地而坐前屈90°时，腰围增加约2.9cm。从生理学角度讲，人的腰围在受到缩短2cm左右的压力时，均可进行正常活动而对身体没影响。因此，腰部的最小放松量为1～3cm。当人坐在椅子上时，臀围平均增加2.6cm；当蹲或盘腿坐时，臀围平均增加4cm，所以臀围的最小放松量为4cm。

若是弹力面料，视弹力大小，衣身的围度可以不加放松量；若面料弹性过大，还可做成衣服围度尺寸小于人体净尺寸的紧身类服装。

另外，裙子的摆围大小直接影响穿着者的各种动作及活动（具体设计详见第四章中有关裙摆的设计内容）。

表1-15　各种运动引起的腰围、臀围变化量

姿势	动作	平均增加量/cm	
		臀围	腰围
直立正常姿势	45°前屈	0.6	1.1
	90°前屈	1.3	1.8
坐在椅子上	正坐	2.6	1.5
	90°前屈	3.5	2.7
席地而坐	正坐	2.9	1.6
	90°前屈	4.0	2.9

（二）服装围度的设计松量

服装放松量的设计是指除了生理松量外，还要考虑穿着的内外层关系而加进一定放松量，即设计松量。这个量按人体围度与服装围度之间的距离计算，属于设计量。如图1-3所示，人体围度用 L 表示，$L=2\pi r$；服装围度用 L' 表示，$L'=2\pi R$；x 为内衣厚度和与外衣之间空隙的和，那么，设计松量则等于 $L'-L=2\pi x$。

假设连衣裙内穿着一件背心，背心厚度为0.1cm，背心与连衣裙之间的空隙量是0.5cm，总计为0.6cm。服装厚度+空隙量=0.1cm+0.5cm=0.6cm，0.6×2π=3.8cm，加上人体胸部扩张量2～4cm（生理松量），得出的6～8cm就是服装胸围尺寸的整体放松量。

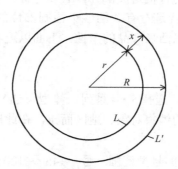

图1-3　放松量设计

服装围度的放松量设计是指除了考虑生理松量、穿着的内外层关系外，还应依据服装的品种、款式、廓型、合体程度以及面料性能等方面的具体要求而进行。服装按合体度可以分为紧身型、合身型、半宽松型、宽松型，其胸围放松量参考尺寸为紧身型6～8cm、合身型8～12cm、半宽松型12～16cm、宽松型16cm以上。

二、成衣规格系列设计

成衣规格系列是以号型系列为基础，根据服装款式和人体体型等因素加上放松量制定出的服装成衣尺寸系列。成衣规格系列又称成品规格系列，属于成衣产品设计的一部分，从一个侧面反映出该产品的特点。同一号型的不同产品，因品种的不同，可以有多种的规

格设计。

对成衣的规格设计，实际上就是针对与服装品种相关的控制部位的规格设计。成衣规格涉及的主要部位有衣长（裙长、裤长）、胸围、腰围、臀围、袖长、肩宽、腰节长等。

（一）规格系列的设计原则

在进行规格设计时，应该遵循以下原则。

1. 中间体不能变

服装号型标准中已确定的男女各类体型的中间体数值不能自行更改。

2. 号型系列和分档数值不能变

国家《服装号型》标准中已规定男女的号型系列是5·4系列和5·2系列两种，不能擅自制定别的系列。号型系列一经确定，服装各部位的分档数值也就相应确定，不能任意变动。在实际应用中，考虑到服装有公差范围，为了计算的方便，常有将分档数值进行微调的现象。例如，将女性臀围的档差由3.6cm微调至4cm；将女性颈围的档差由0.8cm微调至1cm。

3. 控制部位数值不能变

人体控制部位的数值是经过大量的人体测量和科学的数值分析的结果，因此不能随意改变。

4. 放松量可以变

放松量可以根据不同品种、款式、面料、季节、地区以及穿着习惯和流行趋势而变化。因此，在服装号型标准的实施过程中，只是统一号型，而不是统一规格，丝毫不影响服装品种款式的发展和变化。

（二）规格系列的设计方法

成衣规格是反映产品特点的有机组成部分，必须符合具体产品的款式、风格、造型等特点。成衣的规格设计，实际上就是对有关的各个控制部位的规格设计。同一号型的不同产品，可以有多种的规格设计，以凸显产品的个性。下面以连衣裙规格系列的设计流程为例说明规格系列设计的方法。

1. 确定号型系列和体型

在连衣裙规格系列设计中，选择5·4系列。体型可选Y、A、B、C四种体型，也可选其中的一两种，主要根据产品的销售对象、地区而定，在此选择A体型。

2. 确定号型范围

从表1-5中查出女性A体型的号型范围：号，145～180；型，72～100。

3. 确定中间体及其成衣控制部位的规格数值

从表1-8中查出A体型女性中间体为160/84A。

连衣裙成衣规格设计所需的控制部位有衣长（裙长）、胸围、腰围、臀围、袖长、肩宽、腰节长，绘制规格系列表。

（1）服装长度规格的确定　按号乘以一定的百分数后加减不同的定数来确定，或按标准中与长度有关的控制部位数值来确定，如下所示。

　　裙长＝号×60%+2=160×60%+2=98cm

　　腰节长＝号×20%+6=160×20%+6=38cm

或　腰节长＝颈椎点高－腰围高=136-98=38cm

　　长袖长＝号×30%+5=160×30%+5=53cm

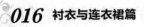

或　长袖长＝全臂长+2.5=50.5+2.5=53cm

短袖长＝号×20%-12=160×20%-12=20cm

用"号"乘以一个百分数来确定长度规格，可以使长度规格的分档数值与号的分档数值相吻合。如"号"的分档数值是5，则裙长的分档数值=5×60%=3，长袖长的分档数值=5×30%=1.5，短袖长的分档数值=5×20%=1，腰节长的分档数值=5×20%=1，或腰节长的分档数值=5-4=1。

因此，长度控制部位的规格设计主要是各个控制部位相对于"号"的比例关系的设计，其比例关系决定了各个控制部位规格之间的分档值。由于分档值的递增或递减，必须与人体高矮、胖瘦的变化规律相适应，所以，各算式的比例关系的设计是规格设计的主要部分，算式中的常数项属于调剂性质，可以依据具体产品的款式和造型等设计要求灵活选用。

（2）服装围度规格的确定　由于连衣裙属于上衣与下衣连接在一起的服装品种，不仅要有胸围尺寸，而且还要有腰围尺寸，当选定一档胸围尺寸时，腰围尺寸可以在一个特定范围内根据需要做出选择。例如，160/84A号型，净胸围是84cm，由于A体型的胸腰差量是14～18cm，所以腰围尺寸应是84-18=66cm和84-14=70cm之间，即腰围尺寸为66cm、67cm、68cm、69cm、70cm。如果腰围的档差为2cm，那么，66cm、68cm和70cm都是可以选用的，与其对应的臀围是88.2cm、90cm和91.8cm，要依据款型和销售对象而定。表1-16是A体型胸围、腰围和臀围的配置。

表1-16　A体型胸围、腰围和臀围的配置　　　　　　　　单位：cm

胸围	腰围	臀围	胸围	腰围	臀围
72	54	77.4	88	70	91.8
	56	79.2		72	93.6
	58	81		74	95.4
76	58	81	92	74	95.4
	60	82.8		76	97.2
	62	84.6		78	99
80	62	84.6	96	78	99
	64	86.4		80	100.8
	66	88.2		84	102.6
84	66	88.2	100	82	102.6
	68	90		84	104.4
	70	91.8		86	106.2

服装围度规格的确定，按对应的控制部位数值加放一定的放松量来确定。放松量的取值，可以根据不同的款式及穿着要求而设计。但是，放松量的数值一经确定，在同一规格系列中就是一个不变的常量，这样才能保证成品规格的系列化和服装板型的系列化。举例如下。

胸围＝型＋放松量=84+10=94cm

腰围＝净腰围＋放松量=66/68/70+8=74/76/78cm

臀围＝净臀围＋放松量=88.2/90/91.8+8=96.2/98/99.8cm

总肩宽＝总肩宽（净体尺寸）=39.4 cm

领大＝颈围＋放松量＝33.6+2.6=36.2cm

在国家《服装号型》标准中并未涉及的袖口尺寸，一般需要根据经验按款式要求进行设计。

由上得出中间体160/84A的连衣裙规格尺寸为：裙长98cm，腰节长38cm，长袖长53cm，短袖长20cm，胸围94cm，总肩宽39.4cm，腰围74/76/78cm，臀围96.2/98/99.8cm，领大36.2cm，将此规格填入表1-17的对应位置上。

4．确定其他号型成衣的控制部位数值

查出各部位分档数值，以中间体成衣的控制部位数值为中心，依次递增或递减确定其他号型成衣的控制部位数值。裙长档差是3cm，腰节长档差是1cm，长袖长档差是1.5cm，短袖长档差是1cm，胸围档差是4cm，腰围档差是4cm，臀围档差是3.6cm，总肩宽档差是1cm，领围档差是0.8cm。

5．完成规格系列表

参照国家标准中的号型系列表，完成连衣裙规格系列表，见表1-17。其中空格部分表示号型覆盖率小，可不安排生产。

表1-17　连衣裙规格系列表（5·4系列 A体型）　　　　　　单位：cm

部位名称		成品规格							
		72	76	80	84	88	92	96	100
胸围		82	86	90	94	98	102	106	110
腰围		62	66	70	74	78	82	86	90
		64	68	72	76	80	84	88	92
		66	70	74	78	82	86	90	94
臀围		85.4	89	92.6	96.2	99.8	103.4	107	110.6
		87.2	90.8	94.4	98	101.6	105.2	108.8	112.4
		89	92.6	96.2	99.8	103.4	107	110.6	114.2
总肩宽		36.4	37.4	38.4	39.4	40.4	41.4	42.4	43.4
领围		33.8	34.6	35.4	36.2	37	37.8	38.6	39.4
号	145	衣长		89	89	89	89			
		长袖长		48.5	48.5	48.5	48.5			
		短袖长		17	17	17	17			
		腰节长		35	35	35	35			
	150	衣长	92	92	92	92	92	92		
		长袖长	50	50	50	50	50	50		
		短袖长	18	18	18	18	18	18		
		腰节长	36	36	36	36	36	36		
	155	衣长	95	95	95	95	95	95	95	
		长袖长	51.5	51.5	51.5	51.5	51.5	51.5	51.5	
		短袖长	19	19	19	19	19	19	19	
		腰节长	37	37	37	37	37	37	37	
	160	衣长	98	98	98	98	98	98	98	98
		长袖长	53	53	53	53	53	53	53	53
		短袖长	20	20	20	20	20	20	20	20
		腰节长	38	38	38	38	38	38	38	38

部位名称		成品规格							
		72	76	80	84	88	92	96	100
号	**165** 衣长		101	101	101	101	101	101	101
	长袖长		54.5	54.5	54.5	54.5	54.5	54.5	54.5
	短袖长		21	21	21	21	21	21	21
	腰节长	39	39	39	39	39	39	39	39
	170 衣长			104	104	104	104	104	104
	长袖长			56	56	56	56	56	56
	短袖长			22	22	22	22	22	22
	腰节长		40	40	40	40	40	40	40
	175 衣长				107	107	107	107	107
	长袖长				57.5	57.5	57.5	57.5	57.5
	短袖长				23	23	23	23	23
	腰节长			41	41	41	41	41	41
	180 衣长					110	110	110	110
	长袖长					59	59	59	59
	短袖长					24	24	24	24
	腰节长				42	42	42	42	42
设计说明									

（三）规格系列的号型配置

在实际生产中，有以下几种配置方式。

1. 号和型同步配置

配置形式为150/76A、155/80A、160/84A、165/88A、170/92A、175/96A。表1-18就是属于这种号型的配置方式，是根据生产需要，选择165/88A为中间号型，由表1-17简化而来的。

表1-18 关门领长袖连衣裙成衣规格系列表（5·4系列） 单位：cm

部位	规格					档差
	155/80A	160/84A	165/88A	170/92A	175/96A	
裙长	95	98	101	104	107	3
胸围	90	94	98	102	106	4
后腰节	37	38	39	40	41	1
腰围	72	76	80	84	88	4
臀围	94.4	98	101.6	105.2	108.8	3.6
肩宽	38.4	39.4	40.4	41.4	42.4	1
袖长	51.5	53	54.5	56	57.5	1.5
袖头长/宽	19.5/5	20/5	20.5/5	21/5	21.5/5	0.5/0
领围	35.4	36.2	37	37.8	38.6	0.8

2. 一号和多型配置

配置形式为165/76A、165/80A、165/84A、165/88A、165/92A、165/96A。表1-19就是属于这种号型的配置方式，同样可由表1-17简化而来，可供参考。

3. 多号和一型配置

配置形式为150/84A、155/84A、160/84A、165/84A、170/84A、175/84A。

表1-19 连衣裙规格系列设计（5·4系列） 单位：cm

部位	规格					
	165/76A	165/80A	165/84A	165/88A	165/92A	165/96A
衣长	101	101	101	101	101	101
胸围	86	90	94	98	102	106
腰围	68	72	76	80	84	88
臀围	90.8	94.4	98	101.6	105.2	108.8
总肩宽	37.4	38.4	39.4	40.4	41.4	42.4
腰节长	39	39	39	39	39	39
领围	34.6	35.4	36.2	37	37.8	38.6
袖长	54.5	54.5	54.5	54.5	54.5	54.5
袖头长/宽	19.5/5	20/5	20/5	20.5/5	20.5/5	21/5
设计依据	裙长=号×60%+2，胸围=型+10（松量），腰节长=号×20%+6或腰节长=颈椎点高−腰围高，总肩宽=总肩宽（净体尺寸），袖长=全臂长+2.5					

三、应用成衣规格

在设计实践中，将成衣规格的理论数据直接应用于板型设计所得到的成品规格很难得到保证。因为，在生产流程中裁片要经过裁剪、缝纫、熨烫等多种工艺外力的影响，加之面料自身的物理回缩量，对裁片的经、纬向规格都会造成不同程度的损耗。为了避免由于某种外因所造成的材料回缩量问题，企业根据服装材料采取不同的面料预缩方法，其中包括自然预缩、湿预缩、干热预缩、蒸汽预缩等。另外，一些大型的服装企业现在已经开始采用预缩机对待裁剪的布匹进行预缩处理，这是较先进的预缩方法，效率高、效果好。无论采取哪一种面料预缩方法，其目的都是为了降低产品规格回缩量，保证成衣的缝制质量并减少服装穿用过程的变形。对于服装缝制过程中由于缝纫线张力和面料弹性、厚度影响所产生的缝缩量，化纤面料的裁片在烫衬和成衣整烫过程中产生的热缩量，成衣染色、水洗等后整理过程产生的缩水量等面料回缩量往往直接影响最终的成衣产品规格，因此，成衣板型设计所依据的成衣规格需要采用按面料回缩率调整后的应用成衣规格。

（一）面料的回缩率

1. 缩水率

缩水率用来表示织物浸水后收缩的程度，一般天然纤维织物的缩水率大于合成纤维织物。

缩水率＝［（织物原来长度−浸水后的长度）/织物原来长度］×100%

常见织物的缩水率见表1-20。

表1-20　常见织物的缩水率

衣料		品种	缩水率/%	
			经向	纬向
印染棉布	丝光布	平布、斜纹、哔叽、贡呢	3.5～4	3～3.5
		府绸	4.5	2
		纱（线）卡其、纱（线）华达呢	5～5.5	2
	本光布	平布、纱卡其、纱斜纹、纱华达呢	6～6.5	2～2.5
	防缩水整理的各类印染布		1～2	1～2
色织棉布		男女线呢	8	8
		条格府绸	5	2
		被单布	9	5
		劳动布（预缩）	5	5
呢绒	精纺呢绒	纯毛或含毛量在70%以上	3.5	3
		一般织品	4	3.5
	粗纺呢绒	呢面或紧密的露纹织物	3.5～4	3.5～4
		绒面织物	4.5～5	4.5～5
	组织结构比较稀松的织物		5以上	5以上
丝绸		桑蚕丝织物（真丝）	5	2
		桑蚕丝织物与其他纤维交织物	5	3
		绉线织品和绞纱织物	10	3
化纤织品		黏胶纤维织物	10	8
		涤棉混纺织品	1～1.5	1
		精纺化纤织物	2～4.5	1.5～4
		化纤仿丝绸织物	2～8	2～3

2. 热缩率

热缩率用来表示织物遇热后收缩的程度。服装在缝制的过程中，经常会需要熨烫、粘贴粘合衬等工艺要求，而有些面料在遇热的情况下，尤其是化纤织物会产生收缩，因此均应加放相应的收缩量。

$$热缩率 = [(织物原来长度 - 加热后长度)/织物原来长度] \times 100\%$$

（二）成衣应用规格

成衣生产过程中所产生的面料回缩，直接造成了服装成品尺寸不足，会影响产品质量和企业的信誉度，因此，在对服装成品规格要求较高或者生产中使用回缩率较大的面料时，均需要计算出与回缩率对应的调整尺寸，在服装成品规格的基础上，增加一个应用规格（表1-21）。

$$应用规格 = 成品规格/(1 - 回缩率)$$

表1-21　样板规格

号/型	项目	裙长（后中长）	胸围	腰围	臀围	肩宽
160/84A	成品规格/cm	88	92	74	96	37.4
	回缩率/%	5	3	3	3	3
	应用规格/cm	92.6	94.8	76.3	99	38.6

注：混纺丝织物经向收缩5%，纬向收缩3%。

第五节　服装制图符号及各部位代号

一、服装制图的线条和符号

服装制图的线条是服装板型的结构线，它具有粗细、断续等形式上的区别。准确地使用制图线条，能正确表达制图内容，这是制图线条的主要作用。服装制图符号是为使服装纸样统一规范，便于识别，以及避免识图差错而制定的标记，是具有特定含义的约定性符号。服装制图线条和符号的具体形式、名称及用途见表1-22。

表1-22　常用服装制图线条和符号

序号	名称	符号	用途说明
1	粗实线（制成线）		表示完成线，是纸样制成后的实际边际线
2	细实线（辅助线）		是一种辅助线，对制图起辅助作用
3	虚线		表示不可见轮廓线或辅助线
4	点划线		表示衣片连折不可裁开或需折转的线条，例如贴边线、驳领的翻折线
5	等分线		线段被等分成两段或多段
6	相同尺寸	○ □ ● △ ▲	图中出现两个以上相同符号，表示它们所指向的尺寸是相等的
7	直角		表示在此处两线呈90º角
8	重叠		表示此处为纸样相交重叠的部位
9	剪切		剪切箭头所指向需要剪切的部位
10	合并		表示两个部位拼接相连在一起
11	距离线		表示两点间的距离
12	省略符号		表示长件短画的符号（省略长度）
13	布纹线（经向线）		表示衣片、部件的经纱方向
14	省		表示省的位置和形状
15	活褶		表示活褶的位置和形状
16	缩褶		表示此处需缩缝
17	钉扣位	○ ⊕	钉纽扣的位置
18	锁眼位		开纽眼的位置

二、服装结构图中各部位代号

在服装结构设计中，为了使结构图清晰明了，书写方便，往往使用简洁的部位代号来表达各部位的含义，这些部位代号都是以相应的英文名称的缩写字母来表示的，见表1-23。

表1-23　主要部位代号及中英文对照

部位	英文	代号	部位	英文	代号
胸围	bust girth	B	肘线	elbow line	EL
乳下围	under bust	UB	膝线	knee line	KL
腰围	waist girth	W	胸点	bust point	BP
臀围	hip girth	H	侧颈点	side neck point	NP
中臀围	middle hip	MH	前颈点	front neck point	SNP
领围	neck girth	N	后颈点	back neck point	FNP
胸围线	bust line	BL	肩端点	shoulder point	SP
腰围线	waist line	WL	袖窿弧长	arm hole	AH
臀围线	hip line	HL	前中心线	front center	FC
中臀围线	middle hip line	MHL	后中心线	back center	BC
领围线	neck line	NL	长度	length	L
头围	head size	HS	袖口	cuff	CF
胸宽	across chest	AC	肩宽	shoulder width	SW
背宽	across back	AB			

第二章 原型应用

第一节 女装原型制作

本书所介绍的直身型原型是根据我国人体的体型特征以及应用实践的需要，以文化式原型为基础，加以修改制定的。首先，增加了肩宽的规格尺寸及定位方法，以更好地控制肩部造型。其次，采用了直身型结构形式，将乳凸量视为胸部全省的一部分，设在前侧缝线上，同时前后片腰省均采用1/4胸腰差量获得，使胸围和腰围的松量保持一致。在实际的应用中，服装造型设计上追求服装外部廓型所呈现的整体效果，结构设计上肋缝分割线位置、胸围与腰围差量（腰部总省量）的变化是随着造型要求而调整的。

一、女装上衣原型的绘制

1. 原型衣身的绘制（图2-1、图2-2）

制图的必要尺寸按照国家服装号型标准，采用的号型为160/84A。其中，胸围（B）84cm，背长38cm，肩宽（S）39.4cm。

（1）作长方形　作长为胸围/2+6cm（放松量），宽为背长的长方形，长方形的右边线为前中线，左边线为后中线，上边线为上平线，下边线为腰辅助线。

（2）作基本分割线　从上平线向下量胸围/6+7.5cm，作前、后中线的垂线，作为袖窿深线。在袖窿深线上，分别从前后中线量取胸围/6+3cm和胸围/6+4.5cm作垂线交于上平线，两线分别为胸宽线和背宽线。在袖窿深线上，取中点并向下作垂线，交于腰辅助线，该线为前后衣片的分界线。

（3）作后领口曲线　在上平线上，从后中线顶点取胸围/12为后领口宽。自该点上量1/3后领口宽为后领口深，如图2-2所示，用平滑的曲线连接后领口弧线。

（4）作前领口曲线　在上平线上，从前中线顶点向左量取后领口宽-0.2cm为前领口宽，向下量取后领口宽+1cm为前领口深，并且作矩形。从前领口宽线与上平线交点向下量0.5cm为前侧颈点，矩形右下角为前颈点。如图2-2所示，用平滑的曲线连接前领口弧线。

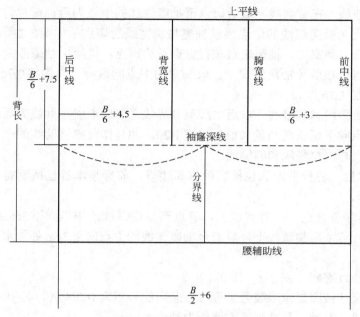

图2-1 女装原型衣身辅助线

（5）作后肩线 后肩宽以肩宽/2+1.5cm（后肩省）自后中线沿上平线向右量，确定后肩宽，自该点向下量1/3后领口宽确定后肩点，连接后侧颈点和后肩点，即完成后肩线。

（6）作前肩线 从胸宽线与上平线的交点向下量2/3后领口宽水平引出射线，由前侧颈点向射线量取后肩线-1.5cm为前肩线（后肩省1.5cm）。

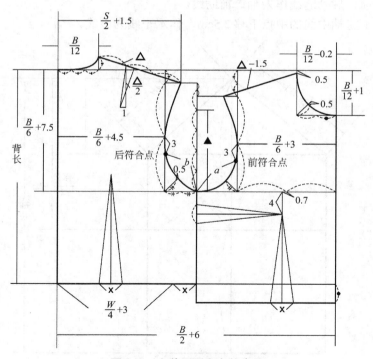

图2-2 女装原型衣身轮廓线

（7）作袖窿曲线　在背宽线上取后肩点至袖窿深线的中点为后袖窿与背宽线的切点；在胸宽线上取前肩点至袖窿深线的中点为前袖窿与胸宽线的切点；如图2-2所示，用平滑圆顺的弧线连接前肩点、胸宽点、袖窿底点和背宽点及后肩点，描绘出袖窿曲线。

（8）作胸乳点　在前片袖窿深线上，取胸宽的中点向后身方向偏移0.7cm作垂线，垂线长4cm处为胸乳点（BP点）。

（9）作前、后腰线和侧缝线　以后中线至分界线之间的原腰辅助线为后腰线，从前中线与腰辅助线之交点向下延长乳凸量（前领口宽1/2），并且作前腰辅助线的平行线与分界线的延长线相交，分别画出前腰线和侧缝线。

（10）基本省量　后身基本省包括肩胛省和腰省，前身基本省包括侧省（乳凸量）和腰省，如图2-2所示。

（11）确定袖窿符合点　在背宽线上，肩点至袖窿深线的中点向下3cm处作水平对位记号，为后袖窿符合点；在胸宽线上，肩点至袖窿深线的中点向下3cm处作水平对位记号，为前袖窿符合点。

2. 袖子原型的绘制（图2-3、图2-4）

制图的必要尺寸按照国家服装号型标准，采用的号型为160/84A。其中，袖长50.5cm。

（1）作袖中线　按袖长尺寸画垂直线作为袖中线。

（2）作落山线　从袖中线顶点向下量取袖山高尺寸（衣身前、后肩点垂直距离的中点至袖窿深线距离的4/5）并作袖中线的垂线，确定为落山线。

（3）确定袖肥　从袖中线顶点向右量取前AH交于前落山线上，向左量取后AH+1cm交于后落山线上，得到袖肥。

（4）作前、后袖缝线和袖口辅助线　从袖肥两端作垂线至袖中线同等长度，分别为前、后袖缝线。连接前、后袖缝线作为袖口辅助线。

（5）作肘线　将袖中线的中点下移2.5cm，作水平线为肘线。

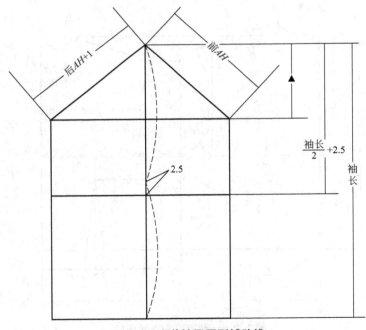

图2-3　女装袖子原型辅助线

（6）作袖山曲线　把前袖山斜线分为四等份，靠近袖山顶点的等分点垂直斜线向外凸起1.8cm，靠近前袖缝线的等分点垂直斜线向内凹进1.3cm，在斜线中点顺斜边向下1cm为袖山S形曲线的转折点。在后袖山斜线上，由袖山顶点顺斜线量取1/4前袖山斜线并凸起1.5cm，后袖山斜线剩余部分的1/2处为后袖山曲线的转折点，转折点至后袖缝线的1/2处凹进0.7cm左右。最后用平滑圆顺的曲线画顺袖山曲线。

（7）作袖口曲线　分别把前、后袖口辅助线分为两等份，在前袖口辅助线中点向上凹进1.5cm，后袖口辅助线中点为切点，在袖口辅助线两端分别向上移1cm，最后用平滑圆顺的曲线连接袖口曲线。

（8）确定袖符合点　袖后符合点取衣身后符合点至侧缝线的弧线长度加上0.2cm；袖前符合点取衣身前符合点至侧缝线的弧线长度加上0.2cm。

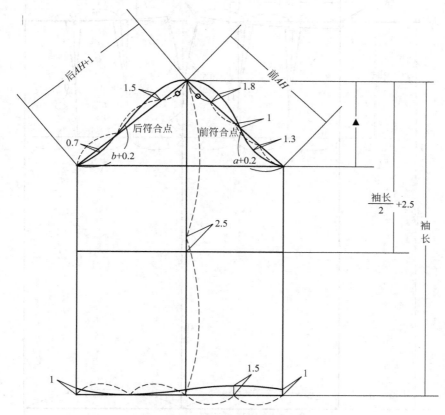

图2-4　女装袖子原型轮廓线

二、裙子原型的绘制

制图的必要尺寸按照国家服装号型标准，采用的号型为160/84A。其中，腰围（W）68cm，臀围（H）90cm，腰长18cm，裙长在应用设计时是可以随意改变的，这里裙长设定为60cm。裙子原型如图2-5所示。

（1）作长方形　作长为裙长、宽为1/2臀围+2cm（放松量）的长方形。长方形的右边线为前中线，左边线为后中线，上边线为腰辅助线，下边线为裙摆辅助线。

（2）作臀围线和前、后片分界线　从后中线的顶点向下取腰长尺寸作后中线的垂线，交于前中线为臀围线。取臀围线的中点作垂线，向上交于腰辅助线，向下交于裙摆线，该线即为前、后裙片的分界线。

（3）作裙侧缝曲线和腰缝曲线　在腰辅助线上，分别从前后中线向中间取1/4腰围，把剩余部分各分为三等份。分别在靠近腰辅助线中点的1/3等分点处翘起0.7cm，与前、后裙片的交界线与臀围线的交点上移4cm处连接成弧线，完成前、后裙片的侧缝线。从前起翘点到腰辅助线作向下凹的曲线完成前裙片；在后中线顶点下移1cm为实际后裙长顶点，并且与后裙片的0.7cm侧缝起翘点相连接，完成后裙片。

（4）作腰省　前、后裙片各有两个省，分别在腰缝线的1/3处，每个省大是1/3前腰围与前臀围的差量，前片省长均为10cm，后片侧省长11cm，后中省长12cm。

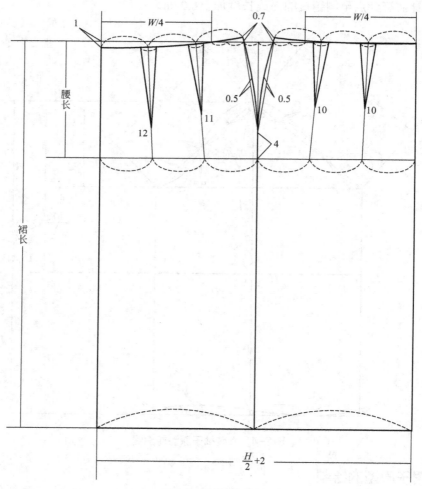

图2-5　裙子原型

第二节　原型应用

本节针对衬衣和连衣裙的基础款式，应用原型进行设计。只有掌握了基础款式的设计方法和结构设计原理，才能在此基础上进行款式的变化设计。

一、衬衣基础款设计

1. 款式特点

图2-6是女衬衫的基本款，特点是衣身呈现H形轮廓，四片身结构。前身设计了一个腋下省以突出女体的胸部，后身设有肩省，衣身长度适中，在人体臀围线稍下的位置，底摆为平摆；领子是翻领，门襟是简单的单门襟，前门5粒扣；袖子为长袖紧袖口，袖头锁眼钉扣。这款女衬衫作为衬衫的基本型，无论在胸围放松量、衣长还是局部的结构特点上都是比较标准的，很传统，基本不受流行时尚的影响，可以与裙子、裤子、套装等组合，适合于各种场合的穿着。

图2-6　女衬衣基本款款式图

2. 规格设计

此款衬衣整体上属于比较合身的结构，表2-1为衬衣基本款成品规格设计表。

表2-1　女衬衣基本款的成品规格　　　　　　　　　　　　　　　　单位：cm

号/型	部位名称	后中长	胸围	肩宽	袖长	紧袖口	领大
	部位代号	L	B	SH	SL		N
160/84A	净体尺寸		84	39.4	50.5		33.6
	加放尺寸		12	0	2		3.4
	成品尺寸	59	96	39.4	52.5	19	37

3. 板型设计

首先，绘制原型，根据已经确定的成品规格尺寸表，需绘制号型为160/84A的原型，其中净胸围84cm，背长38cm，袖长50.5cm。其次，利用原型绘制具体款式结构图（图2-7）。

此款女衬衣采用四片身结构，胸围放松量按照原型松量不做调整，前后衣长均由腰节线向下延长21cm。后衣身在腰节线处收腰1.5cm，底边线起翘0.5cm，肩省大1.5cm；前衣身由前中线加出搭门宽1.5cm，前领口加深1cm，侧缝线上由袖窿深线向下7.5cm处收腋下省2.5cm，省尖距胸点5cm，腰节线向上提1cm与后身对位，过面宽7cm。袖子使用原型袖，袖长减去3cm，袖头宽5cm，长度按紧袖口尺寸加上搭头2cm。领子宽度7cm，起翘2.5cm。制图完成后注意复核领子底口弧线长度与前后衣身领口弧线长度是否吻合，袖山曲线长度与袖窿弧线长度是否匹配，如不吻合或不匹配要做适当调整。

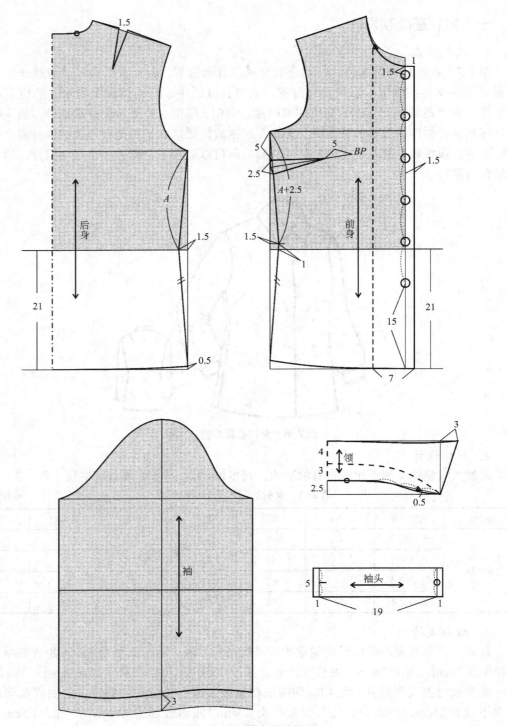

图2-7　女衬衣基本款结构图

二、有腰线连衣裙基础款设计

1. 款式特点

图2-8为有腰线的无袖背心式连衣裙的基本款式，可与短上衣配套穿用。根据基本造型

的无袖、贴身要求和带有腰线的特征，前衣身左右各有一个腋下省、一个腰省，后衣身左右各有一个腰省，前后裙片左右各有一个腹凸省和臀凸省，为穿脱方便，开门拉链设在后中线，从后领口中点至臀围线以下2cm。

图2-8　有腰线连衣裙基本款款式图

2. 规格设计

此款连衣裙整体上属于比较贴身的结构，表2-2为有腰线连衣裙的基本款成品规格设计表。

表2-2　有腰线连衣裙基本款的成品规格　　　　　　　　　　　　　　单位：cm

号/型	部位名称	后中长	胸围	腰围	臀围	肩宽
	部位代号	L	B	W	H	SH
160/84A	净体尺寸		84	68	90	39.4
	加放尺寸		8	8	8	−10
	成品尺寸	95.5	92	76	98	29.4

3. 板型设计

此款有腰线连衣裙基本款的板型设计采用比例法与原型法相结合的方法。首先，绘制原型，根据已经确定的成品规格尺寸表，需绘制号型为160/84A的衣身原型，其中净胸围84cm，背长38cm。其次，利用原型绘制无腰线连衣裙衣身的具体款式结构图，裙身采用比例法直接绘制（图2-9）。

（1）确定裙长　连衣裙的长度比较自由，可根据款式的需要与穿着者的爱好灵活变化。该款根据效果图取腰节线下60cm为裙长，裙边位于人体膝关节下10cm左右。

（2）确定胸围尺寸　合体连衣裙的胸围放松量一般为6～10cm，因为该款式为无袖设计，所以放松量取8cm。又因为在原型板中已包含胸围放松量12cm，故需在前后身侧缝线处各减去1cm。

（3）确定腰围尺寸　合体连衣裙的腰围放松量一般为8～10cm，该款取8cm，前后腰围尺寸各为$W/4+2$cm（放松量）。

（4）确定臀围尺寸　合体连衣裙的臀围放松量一般为6～8cm，该款系小A裙，臀围放松量取8cm，前后臀围尺寸各为$H/4+2$cm（放松量）。

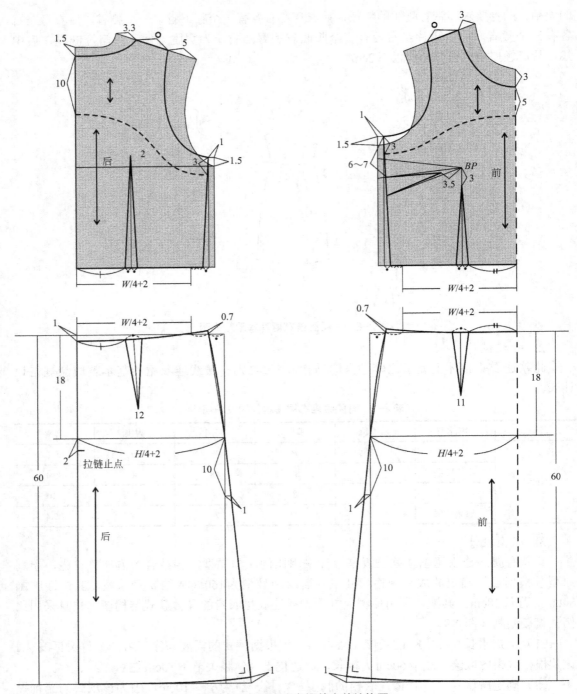

图2-9　有腰线连衣裙基本款结构图

（5）画后衣身　在后衣身原型基础上，由于无袖，故肩宽减小5cm，袖窿深减小1.5cm，重新修顺袖窿弧线；后领口宽加大3.3cm，后领口深加深1.5cm，重新修顺领口弧线；然后在腰围上取W/4+2cm（放松量），后衣身胸围和腰围成品尺寸差量的2/3为腰省大，1/3从侧缝线收进。

（6）画前衣身　在前衣身原型基础上，前领口深加大3cm，前领口宽加大3cm，重新修顺领口弧线；按后小肩尺寸截取前小肩尺寸，袖窿深减小1.5cm，重新修顺袖窿曲线；以BP点为中心，把腋下省转移至袖窿深线以下$6\sim7$cm处，腋下省省尖距BP点3cm；然后在腰围上取$W/4+2$cm（放松量），前衣身胸围和腰围成品尺寸差量的2/3为腰省大，1/3从侧缝线收进，腰省省尖距BP点3cm。

（7）画后裙片　取裙长60cm为长，$H/4+2$cm（放松量）为宽，画矩形。按腰长18cm画臀围线，在腰围线上取后腰围大为$W/4+2$cm（放松量）。腰缝线在后中心线处下落1cm，在后裙片腰围和臀围尺寸差量的1/2处起翘0.7cm，画顺腰缝线和侧缝线，在腰围线上为了达到上衣和下裙接缝的吻合，裙子省缝和上衣腰省缝位置相同，省量取后裙片腰围和臀围尺寸差量的1/2，省长12cm。另外，为了下肢正常运动需增加裙摆量，取臀围线下10cm处增加1cm，顺延侧缝线，最后使裙摆在侧缝处翘起1cm并与侧缝线成直角。

（8）画前裙片　取裙长60cm为长，$H/4+2$cm（放松量）为宽，画矩形。按腰长18cm画臀围线，在腰围线上取前腰围大为$W/4+2$cm（放松量）。在腰缝线上，前裙片腰围和臀围尺寸差量的1/2处起翘0.7cm确定一点，分别画顺腰缝线和侧缝线，在腰围线上为了达到上衣和下裙接缝的吻合，裙子省缝和上衣腰省缝位置相同，省大取前裙片腰围和臀围尺寸差量的1/2，省长11cm。另外，为了下肢正常运动需增加裙摆量，取臀围线下10cm处增加1cm，顺延侧缝线，最后使裙摆在侧缝处翘起1cm并与侧缝线成直角。

（9）画贴边　由于此款连衣裙无领、无袖，而且肩宽较窄，因此，把领口贴边和袖窿贴边一起配置。

三、无腰线连衣裙基础款设计

1. 款式特点

图2-10为无腰线的连衣裙的基本款式，其外形特征相似于有腰线的连衣裙基本造型，但其结构与有腰线的连衣裙不同。鸡心领，无袖，整体造型十分合身，衣身与裙身合并连

图2-10　无腰线连衣裙基本款款式图

接成一体，裙摆呈小A字造型。前身胸省转移至袖窿处，前身两侧各有一个袖窿省、一个腰省，后身左右各有一个腰省，为穿脱方便，开门拉链设在后中线，从后领口中点至臀围线以下2cm处。该款结构是无腰线连衣裙结构变化的基础。

2. 规格设计

此款连衣裙整体上属于合身的结构，表2-3为无腰线连衣裙的基本款成品规格设计表。连衣裙的长度比较自由，可根据款式的需要与穿着者的爱好灵活变化。该款根据效果图取腰节线下60cm为裙长，裙边位于人体膝关节下10cm左右。

表2-3　无腰线连衣裙基本款的成品规格 单位：cm

号/型	部位名称	后中长	胸围	腰围	臀围	肩宽
160/84A	部位代号	L	B	W	H	SH
	净体尺寸		84	68	90	39.4
	加放尺寸		6	6	6	-10
	成品尺寸	96.5	90	74	96	29.4

3. 板型设计

此款无腰线连衣裙基本款的板型设计采用原型法与比例法相结合的方法。首先，绘制原型，根据已经确定的成品规格尺寸表，需绘制号型为160/84A的衣身原型，其中净胸围84cm，背长38cm。其次，在原型的基础上，与比例法结合绘制无腰线连衣裙衣身的具体款式结构图（图2-11）。

（1）确定胸围尺寸　合体连衣裙的胸围放松量一般为6～10cm，因为该款式为无袖设计，所以放松量取6cm。又因为在原型板中已包含胸围放松量12cm，故需在前后身侧缝线处各减去1.5cm。

（2）确定腰围尺寸　该款连衣裙较合体，腰围放松量取6cm，前后腰围尺寸各为W/4+1.5cm（放松量）。

（3）确定臀围尺寸　合体连衣裙的臀围放松量一般为6～8cm，该款系小A裙，臀围放松量取6cm，前后臀围尺寸各为H/4+1.5cm（放松量）。

（4）画后身　在后衣身原型基础上，由于无袖，故肩宽减小5cm，袖窿深减小1.5cm，重新修顺袖窿弧线；后领口宽加大3.3cm，后领口深加深1.5cm，重新修顺领口弧线；然后把后中线由腰节线向下延长60cm为裙长尺寸，按腰长18cm画臀围线，在腰围线上取后腰围大为W/4+1.5cm（放松量），在臀围线上取后臀围尺寸为H/4+1.5cm（放松量），连接胸围定点和臀围定点与腰节线相交，作为侧缝辅助线。该线至腰围定点的1/2处为侧缝线收腰点，另外，为了下肢正常运动需增加裙摆量，取臀围线下10cm处增加1cm，顺延侧缝线，最后使裙摆在侧缝处翘起1cm并与侧缝线成直角。腰省大与侧缝线收腰量相同。

（5）画前身　在前衣身原型基础上，前领口深加大8cm，前领口宽加大3cm，画顺鸡心领领口弧线；按后小肩尺寸截取前小肩尺寸，袖窿深减小1.5cm，重新修顺袖窿曲线；然后把前中线由腰节线向下延长60cm为裙长尺寸，按腰长18cm画臀围线，在腰围线上取前腰围大为W/4+1.5cm（放松量），在臀围线上取前臀围尺寸为H/4+1.5cm（放松量），连接胸围定点和臀围定点与腰节线相交，作为侧缝辅助线。该线至腰围定点的1/2处为侧缝线收腰点。

另外，为了下肢正常运动需增加裙摆量，取臀围线下10cm处增加1cm，顺延侧缝线，并且使裙摆在侧缝处翘起1cm并与侧缝线成直角。腰省大与侧缝线收腰量相同。腰省省尖距 *BP* 点3cm。最后以 *BP* 点为中心，把腋下省转移至肩点向下量12cm袖窿处，袖窿省省尖距 *BP* 点3cm，如图2-12所示。

（6）画贴边　由于此款连衣裙无领、无袖，而且肩宽较窄，因此，把领口贴边和袖窿贴边一起配置。

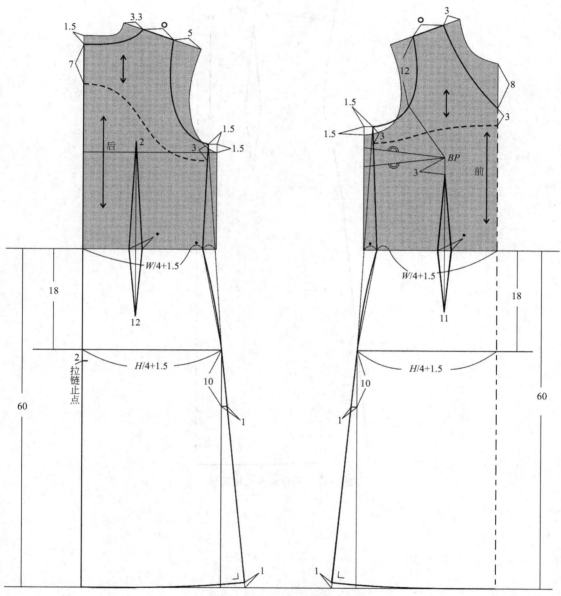

图2-11　无腰线连衣裙结构图

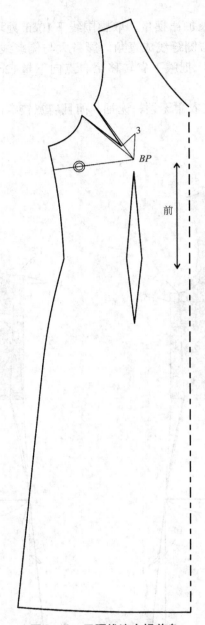

图2-12　无腰线连衣裙前身

第三章 衬衣

第一节 衬衣概述

衬衣是指穿着在内衣之外、毛衣或外套之内的上衣，是一年四季皆可穿着的服装品种。它是既可以衬在外套之内，又可以单独穿着的服装单品。

一、衬衣的分类

按合体度可分为合体衬衣、半合体衬衣和宽松衬衣。

按廓型分为沙漏形（X形）、箱形（H形）、梯形（A形）。一般X形衬衣多采用合体型结构，H形衬衣多采用半合体型结构，A形多采用宽松型结构与之相适应。

按穿着方式分为套头式衬衣和开襟式衬衣、内穿式和外穿式衬衣，内穿式多为合体衬衣，外穿式多为半合体和宽松式衬衣。

门襟的种类也较多，按门襟的位置可分为前开襟、后开襟和侧开襟；按门襟的长短分为全开襟和半开襟；按门襟的宽窄分为单开襟和双开襟。

按长度分为长款衬衣、标准衬衣和短款衬衣。标准衬衣长度一般在人体臀围线附近，短款衬衣长度一般在人体腰围线至臀围线之间，长款衬衣长度一般超过人体臀围线以下，把握衬衣的长度与合体度及款式之间存在的内在联系，有助于进行衬衣的结构设计。

按袖子长短可分为无袖、半袖、中袖、七分袖、长袖衬衣。袖型除了传统的合体袖型外，还有泡泡袖、喇叭袖、荷叶袖、羊腿袖等不同的造型。

按领子部位的款式造型分为有领衬衣和无领衬衣两大类。有领衬衣根据领子结构又可分为立领、翻领、翻驳领、平领及其变化产生的各种变化领型；无领衬衣根据领口形状可分为一字领、U形领、V形领、圆形领、方形领及其各种变化领型。

按下摆造型分为平摆和圆摆两种；按侧缝线处结构可分为有开衩和无开衩两种；按前后底摆长度可分为前后等长、前长后短和前短后长。

衬衣的分类方法还有许多，不同的分类方式突出强调衬衣非常丰富的款式和结构变化的不同侧面，也为衬衣的命名提供了依据，如立领—喇叭袖—开襟式—半合体型—圆摆—中袖衬衣。

二、衬衣常用面料

衬衣常用面料的选择，从材料的组成成分上棉、麻、丝、毛、人造纤维等材质的面料都可以选用，不同材质的面料的吸湿性和透气性等舒适性能有所不同，悬垂度和飘逸感也会影响衬衣款式的造型，材料的质地如光滑、柔顺、硬挺、轻薄、厚重、细腻、粗糙及光泽度的选择要与服装的设计风格搭配协调。一般休闲宽松款式的衬衣既可选择水洗棉布类面料，也可选择丝绸面料，合体衬衣如果选择丝织品面料，与套装搭配更适合正规场合穿着，印花棉布和人造纤维的棉布更适合家居休闲类衬衣。总之，材料的成分、质地要与款式和风格相匹配，并且选择合适的工艺处理方法，才能达到预期的设计效果。

三、衬衣各部位名称

图3-1是女衬衣各部位名称示意图。

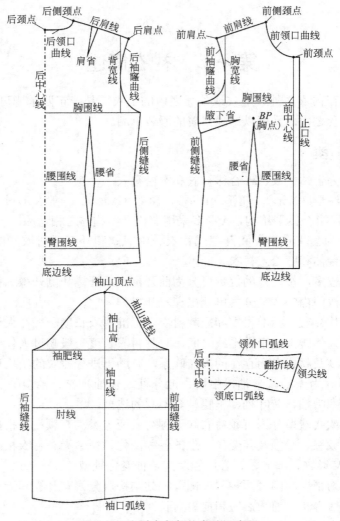

图3-1 女衬衣各部位名称示意图

第二节　衬衣领型配置

　　领子是整件衬衣中最重要的部件，起到提纲挈领的作用。合适恰当的领型设计不仅可以美化衬衣本身，而且对穿着者的脸形有很好的修饰作用。领子设计从结构上主要分为有领和无领两大类。有领类领型又可分为立领、翻领、驳领和平领及其变化领型，是本节讨论的重点；无领类领型只有领口线，也称领线领，其结构设计详见第四章第二节连衣裙领型配置。

　　由于领子最终是要与衣身缝合在一起的，即领子的基本结构是由前后衣身部位的领口线和领子共同构成的，所以设计时一定要考虑与领口的匹配。领子的基本结构包括领底口线、领外口线、翻折线、领尖线或领头部位造型线。翻折线把领子又分成底领和翻领两部分；领底口线通常是弧线，其长度要与前后衣身的领口弧线长度相匹配，并且遵循其内部结构设计的规律；领外口线和领尖线是比较直观的造型线，设计上相对自由度较大；领底口线和领外口线是共同影响领子款式造型变化的结构线。

一、立领

　　立领的结构比较简单，由于没有翻折线，只有领座，没有领面，造型简洁，非常实用，在我国传统服装中广泛应用，常被称为中式立领。

1. 立领的基本结构

　　立领的基本结构线包括领上口线、领下口线、前领中线、后领中线，如图3-2（a）所示，其中领长等于前后衣身领口弧线长度之和，领宽是一设计值，根据具体的款式要求而确定。

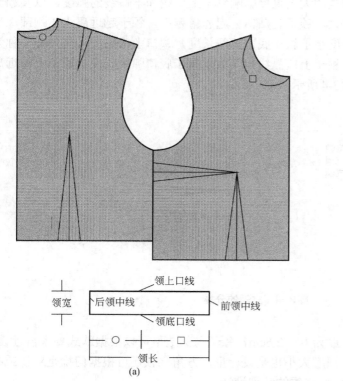
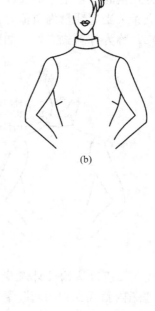

图3-2　立领的基本结构

2. 立领的造型原理

由于人体颈部上细下粗，长方形的领子与衣身缝合在一起，其着装效果就如图3-2(b)所示。领子的上口远离颈部，与颈部之间存在许多空隙，显然空隙的产生是由于领上口线的长度大于颈部的围度。如果采用上小下大的圆台结构即可将领子与颈部之间的多余空隙去掉，与颈部形态特征相吻合。此时领子上口线的长度变短，领子上口线和下口线均由原来的直线转化为弧线，而领子下口线长度并未发生变化，仍然与前后衣身相匹配，如图3-3所示。

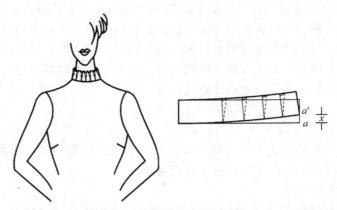

图3-3　立领起翘与上下口弧线的关系

图3-3中领子下口线与领前中线的交点 a 的垂直偏移量 x（a' 点与领底口水平线之间的垂直距离）称为立领的起翘，起翘量的大小直接影响领子上口线和下口线的弧度，以及领上口线的长度，即贴体度。起翘量越大，领子越贴体；起翘量越小，领子越远离人体颈部。当起翘量为正值时，领子上口弧线长度小于领子底口弧线长度，领口上部贴近人体颈部，称为内斜式立领；当起翘量为负值时，领子上口弧线长度大于领子底口弧线长度，领口上部远离人体颈部，称为外斜式立领，如图3-4所示。

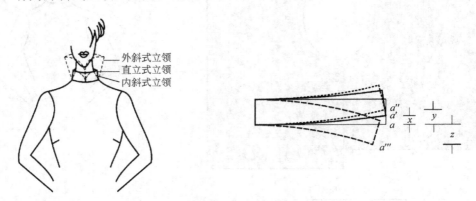

图3-4　立领的分类

3. 立领的结构设计及变化

普通内斜式立领的起翘量一般为 $1 \sim 2.5$ cm，领子前部造型可以根据款式要求自行设计，如圆角立领、方角立领等，领头圆度大小也是设计量，方角立领还可根据门襟是对襟或搭襟的不同形式有所变化。图3-5是普通立领的结构设计。

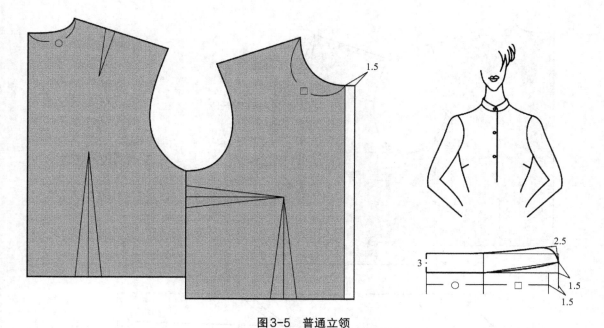

图3-5 普通立领

由于人体脖子的长度是有限度的，内斜式立领领宽的取值应该在一定的范围内设计，以不影响人体颈部的舒适性为前提，一般控制在2～5.5cm；外斜式立领的起翘量和领子宽度的设计量较内斜式更为宽泛，并且起翘量与领子宽度成正比，领子宽度越大，起翘量越大，同时还应考虑头部尺寸，以保证头部的正常活动，如图3-4所示。图3-6是中式立领的结构设计。

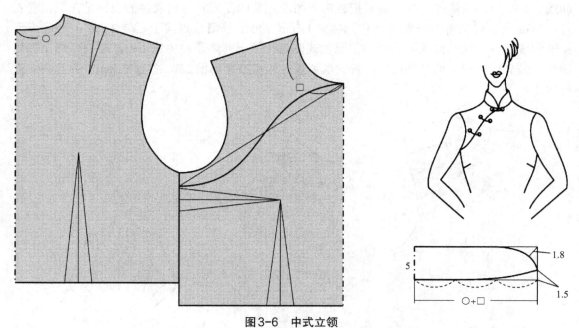

图3-6 中式立领

图3-7是基于立领的变化领型——蝴蝶结领，适宜选择悬垂度和柔软度较好的面料制作，并且领子使用斜丝裁制。绱领子的缝合止点距前中心线2～3cm的设计，是为了便于飘带的打结。

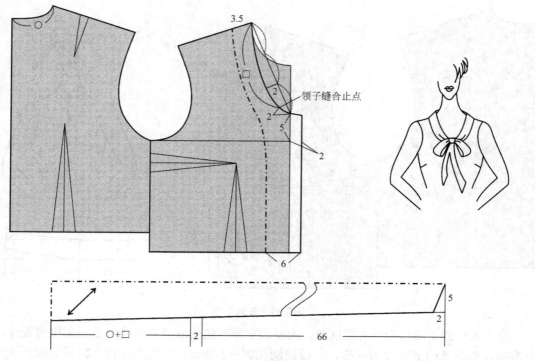

图3-7　蝴蝶结领

图3-8是连身立领，属于立领的特殊形式，也称原身出领。后衣领的设计是在原型后衣身的基础上，首先将肩省转移至后领口部位，再由后侧颈点向上延伸2.5cm，与肩点连接辅助线后，画成凹曲线的肩线，最后把领口省画成完整的菱形省。前衣领的设计是在原型前衣身的基础上，首先将部分胸省转移为撇胸1.5cm，再由前侧颈点向上延伸2.5cm，与肩点连接辅助线后，画成凹曲线的肩线，按照款式图设计领子前端距前中线4cm，前领口深至袖窿深线，最后在前领中部画领口省，省大取侧颈点距肩线距离的2/3，省长8.5cm，并且画成菱形省。

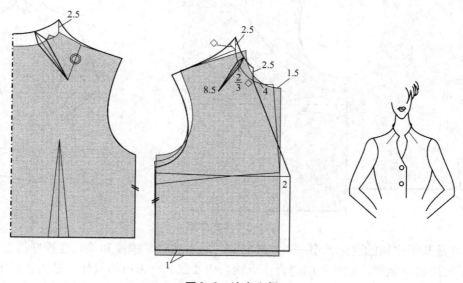

图3-8　连身立领

二、平领

平领是指领面平服地贴合在人体肩背部，其领子的底口线与衣身的领口线弧度非常接近的一类领型，领子的外口线可以依据款式变化设计不同的造型，在女装和童装中被广泛使用。

1. 平领的基本结构

平领的基本结构如图3-9(a)所示，领底口线与衣身领口线弧度重合，弯度向内。而在平领的实际应用设计时，为使平领更好地伏贴于肩部，以及外观造型的美观，通常利用前后衣身并使前后衣身肩线相对，侧颈点重合，肩线的肩端点通常重叠2.5cm，领外口线依据款式图，如图3-9(b)所示。

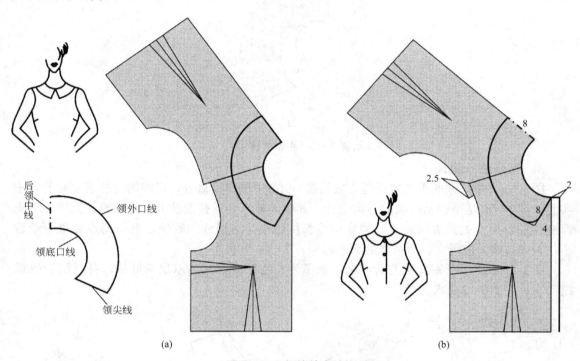

图3-9　平领的基本结构

2. 平领的造型原理

如果把图3-9(a)中的平领作为基础平领分别做剪开或折叠的操作，如图3-10所示，在领子底口线长度不发生变化的前提下，领子底口线的弧度发生了变化，领子外口线的长度也发生了变化；并且领子底口线的弧度越大，领子外口线的长度也越长。做展开操作的图3-10(a)由于领外口线长度大于实际所需要的长度，缝合后领外口会产生松散的波浪褶，称为荷叶领，属于平领的变化领型。做折叠操作的图3-10(c)由于领外口长度偏小，缝合后会使领外口线向颈部拱起，并且使绱领线（领底线与领口线的缝合线）内藏而不外露，从而形成平领靠近颈部的位置先微微隆起再翻折过来的优美造型。翻在外面露出的部分称为翻领，藏于内部贴近颈部的部分称为底领。平领的底领通常取值0～1.5cm，只是为了使绱领线不外露，领外口不"荡开"，达到外观美观的要求。如果底领的宽度超过2cm以上，就转化为翻领类领型了。

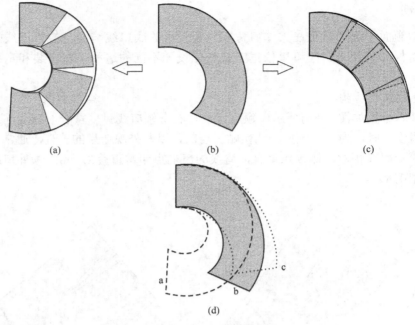

(a)　　　　　(b)　　　　　(c)

(d)

图3-10　平领的转化

3. 平领的结构设计

图3-10(c)中平领的折叠效果通常采用图3-9(b)中侧颈点重合、肩线的肩端点重叠的方法实现，图3-9(b)是平领基础款的结构设计。其中，肩点处重叠量的大小是随设计效果的不同而变化的，肩点处重叠量越大，领底口线弧度越小，所形成的底领越宽；肩点处重叠量越小，领底口线弧度越大，所形成的底领越窄。

图3-11是基于平领变化的荷叶领，领子为左右不对称式的双层荷叶领，并且配合蝴蝶结的设计。图3-12是水兵领。

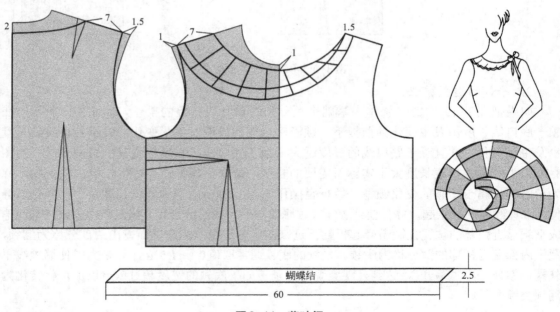

图3-11　荷叶领

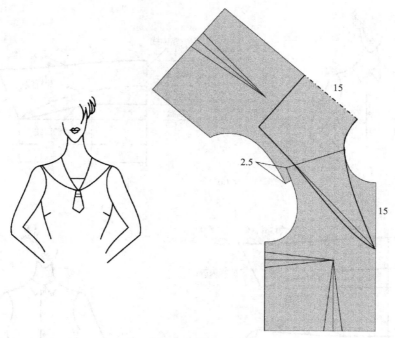

图3-12　水兵领

三、翻领

翻领是介于立领和平领之间的一种领型。翻领根据衣身领口的大小、领座的高低、领宽的大小、领尖的形状以及所使用材料的不同有很多种变化，使用范围非常广泛。

1. 翻领的基本结构

翻领的领面被一条翻折线分成翻领和底领两部分，翻领和底领连成一体的称为连体翻领，图3-13(a)是连体翻领的基本结构图；翻领和底领各自分开并由翻折线组合在一起的称为分体翻领，图3-13(b)是分体翻领的基本结构图。翻折线是翻领和底领共用的结构线，连体翻领的翻折线是整个翻领领面内部的结构线，分体翻领的翻折线既是一条结构线，也是一条分割线，如男衬衣领就是由底领和翻领组成的最常见的分体翻领。

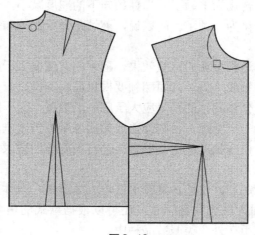

图3-13

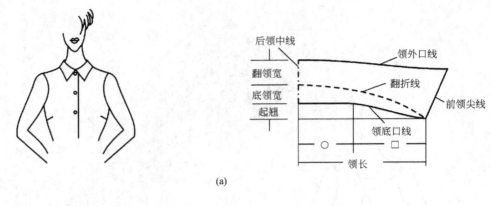

(a)

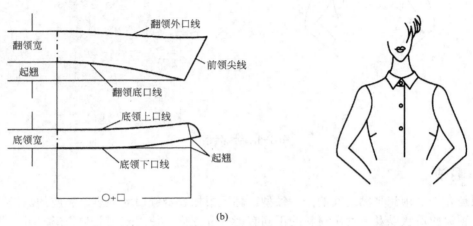

(b)

图3-13　翻领的基本结构

2. 翻领的构成原理

　　通过前面立领原理和平领原理的分析可知，翻领要想平服地翻折过来，领外口线长度必须大于领底口线长度，领底口线的翘度是负值，即领底口弧线是向下弯曲的；并且领底口线的翘度与底领宽成反比，即领底口线的弧度越大，翻折后底领的宽度越小；领底口线的弧度越小，翻折后底领的宽度越大。当翻领的翘度加大，使得领底口线的弧度与衣身领口线的弧度相同或接近时，翻领就转化为平领了；当翻领向下的翘度减小，使得领底口线的弧度减小或接近零值时，翻领就转化为立领了。所以说，翻领是介于立领和平领之间的一种领型，立领原理是领型变化的基础。

　　对于分体翻领，为了达到美观的造型效果，翻领的宽度要大于底领的宽度，一方面以便于翻折后翻领面要盖住绱领线，另一方面翻领要根据面料的厚度有足够的翻折容量，保证领面翻折线不外露。同时，分体翻领的翘度应大于底领的翘度，便于翻领更好地翻折下来，并且使翻领与底领之间保持一定空隙，否则会造成领面绷紧翻折困难的弊病。翻领的领底口线长度应略大于底领的领上口线长度，这是缝制工艺有关吃势的要求，有利于分体翻领自然柔顺地包裹住颈部。

　　分体翻领的底领向上起翘，比连体翻领更贴近人体颈部，合体度好于连体翻领。分体翻领除了按翻折线划分领面为底领和翻领外，还可以根据款式的需要有所变化，如图3-14所示的分体翻领，更多地应用在外套类服装品种中。

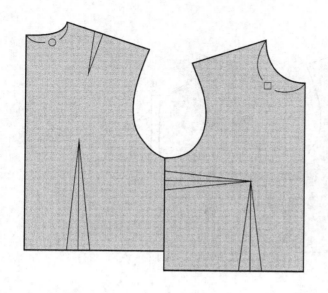

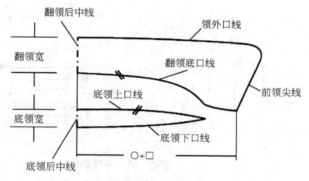

翻领后中线

领外口线

翻领宽

翻领底口线

前领尖线

底领上口线

底领宽

底领下口线

底领后中线

○+□

图3-14　分体翻领的结构变化

3. 翻领的结构设计

图3-15和图3-16是连体翻领和分体翻领的基本款结构设计。

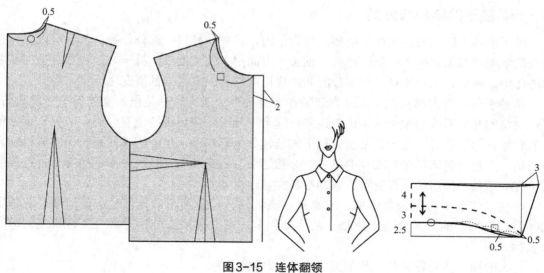

图3-15　连体翻领

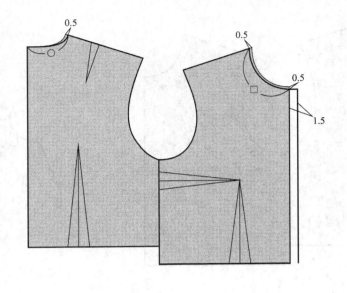

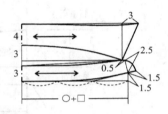

图3-16　分体翻领

第三节　衬衣袖型配置

一、袖子的结构与分类

袖子的基本结构按由上而下的顺序分为袖山、袖身和袖口三部分。袖口部分可以分为有袖头的紧袖口和无袖头的散袖口两种。袖头一方面用来收紧袖口，另一方面还具有造型和装饰的作用。袖山、袖身和袖口三部分的共同变化可以构成丰富的袖型变化。

从袖子与衣身的结构关系上分为装袖和连身袖两大类。装袖是指衣身与袖子分别裁剪，通过衣身的袖窿弧线与袖子的袖山弧线进行缝合的袖子。按装袖的位置分类有：处于正常位置的装袖称为圆装袖；处于正常位置稍下的装袖称为落肩袖；处于正常位置稍上的装袖称为耸肩袖。连身袖是因袖子与衣身的某一部分相连而与衣身一起连裁的袖子；按身与袖连接的部位有肩章袖、插肩袖、育克袖、蝙蝠袖和插角连身袖等。

按袖子的廓型可分为合体袖、泡泡袖、喇叭袖、羊腿袖、郁金香袖、藕形袖及各种变化袖型。按袖子的片数分为一片袖、两片袖和多片袖。按袖长分为无袖及各种长度的半袖和长袖。

衬衣的袖子多为各种长度和袖型变化的一片袖结构。

二、袖子的结构参数设计

1. 袖山高

袖山高是决定袖子肥瘦及活动度的重要因素，当袖山高增加时，袖肥变小，此类袖子瘦而合体，上举活动量较小，美观性较好（袖肥尺寸的内限取值应为臂围的尺寸）；反之，当袖山高降低，则袖肥变大，此类袖子宽松而舒适，活动量较大，而且当袖山高为零时，袖肥成最大值（图3-17）。

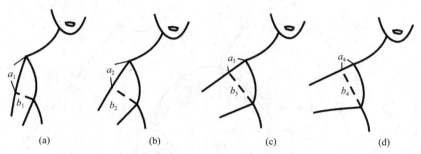

图3-17　袖山高与人体手臂活动度

2. 袖窿深

基于手臂活动功能的考虑，当采用降低袖山高设计较宽松的袖子时，袖窿开深度应较深，而宽度小，呈窄长形态，整体上是远离人体基本结构，达到活动、舒适和宽松的综合效果。相反，如果袖山高降低，袖窿仍采用基本袖窿深，当手臂下垂时，腋下会聚集很多余量而产生不适感。因此，袖山高很低的宽松袖型应和袖窿开深度大的细长形袖窿相匹配，如图3-18所示。

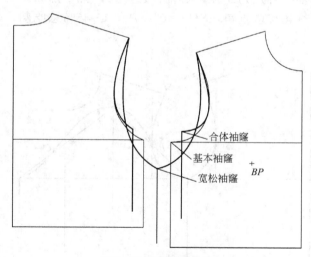

图3-18　袖窿开深度

3. 袖山吃势

袖窿弧线是衣片上袖窿的弧线，它的形状与尺寸是根据人体手臂根部的纵截面形状及尺寸，再加一定的松份得来的。袖山弧线是袖片上袖山的弧线，是根据袖窿弧线而来的。为了使袖子能在袖山处圆顺且饱满地包住上臂的厚度和肩头部位的圆势，袖山弧线的长度大于袖窿弧线的长度，称为袖山吃势。合体袖袖山吃势总量的大小主要是根据服装种类、款式特点和面料材质等多方面的因素而各有差异，一般控制在1～3cm，休闲宽松类的袖山吃势较小，一般为0～1cm。

袖山吃势主要用于袖山符合点以上部位（图3-19），前袖山凸起弧线部位是前上臂突出的位置，在这里较大的归缩吃势，既可满足前上臂在此处的圆势，又有了活动的松量；同样在后袖山平缓的弧线部位较小的归缩吃势，既可以适应后上臂的圆势，又可满足手臂的活动松量。

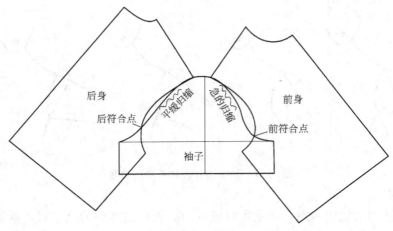

图3-19　袖山吃势

袖山吃势量的分配如图3-20所示。设前后身袖窿弧线的肩端点为SP点，前后侧缝分界点为A点，前身符合点为B点，后身符合点为C点；设袖山头的袖山顶点为SP'点，前后袖缝分界点为A'点，前袖符合点为B'点，后袖符合点为C'点；那么$A'～B'=A～B+7\%$总吃势，$B'～SP'=B～SP+40\%$总吃势，$SP'～C'=SP～C+45\%$总吃势，$C'～A'=C～A+8\%$总吃势。

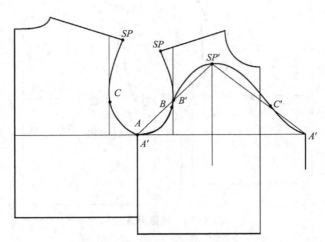

图3-20　袖山吃势量的分配

三、袖子结构设计及款式变化

1. 袖子的基本款型

（1）合体一片袖　利用原型袖子制图。由于人体手臂自然下垂时是向前倾斜和弯曲的，使袖中线在袖口处向前偏移2cm，前袖口肥取1/2袖口-1cm，后袖口肥取1/2袖口+1cm，连接袖内缝线并作1cm肘弯，肘省在后袖缝线上，省大为前后袖内缝之差，省尖指向肘线上后袖肥1/2处，如图3-21(a)所示。根据款式要求，肘省也可转移至袖口部位，如图3-21(b)所示。

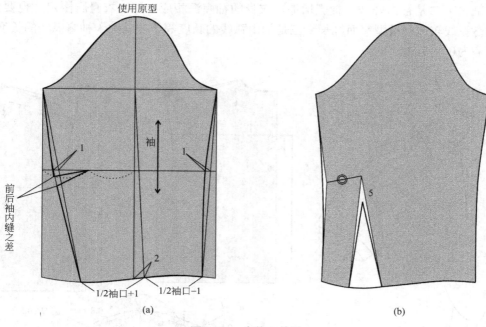

图3-21　合体一片袖

（2）合体衬衣袖　图3-22是紧袖口装袖头的合体的衬衣袖。袖头长为腕围+松量+搭头2cm，宽度为4cm。袖子长度在原型袖子的基础上，减去袖头的宽度后，再加上2cm的松量，既便于手臂的弯曲活动，又可以增加悬垂余量。袖口部位按照袖头的长度和褶裥的个数加出褶量，开口可以设在后袖口处，也可设在袖缝处。

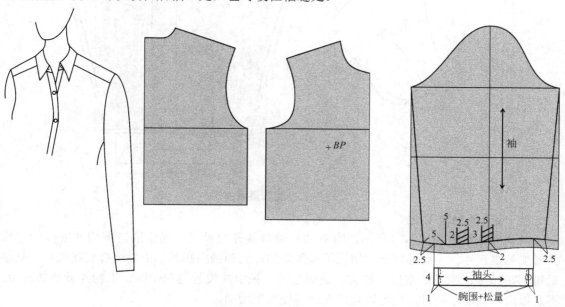

图3-22　合体衬衣袖

（3）宽松落肩袖　图3-23是宽松的落肩袖，可以是长袖或半袖。所谓落肩袖，是指袖和身的拼缝线落在肩点之外，即衬衣成衣的肩宽规格大于人体实际肩宽尺寸，通常用在休闲款衬衣中。此类袖子的板型设计需注意几点：一是衣身肩宽增加的尺寸，需要在基本袖山的基础上减去；二是袖山降低，袖肥增加，衣身的袖窿深相应加深，衣身胸围尺寸也要加大，整个袖窿弧线较原型板型窄而细长；三是袖山弧线的长度等于或略大于袖窿弧线的长度，袖子的吃势为0～1cm。

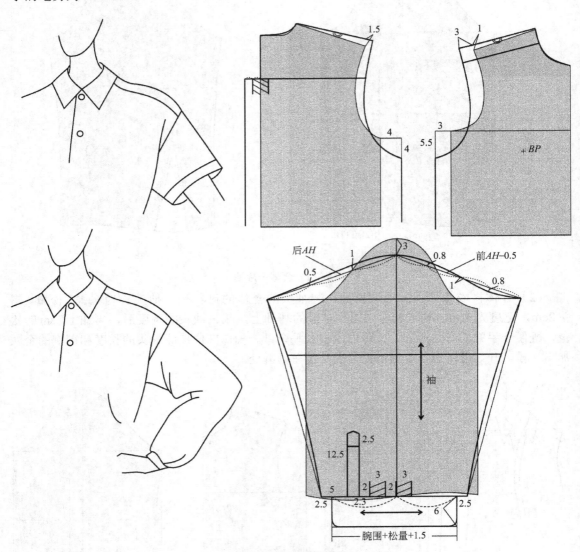

图3-23　宽松落肩袖

2. 袖子的结构变化

（1）喇叭袖　如图3-24所示，喇叭袖是袖口散开的袖型，通常通过剪切并展开的方式来增加袖摆尺寸。并且袖摆量的增加不是孤立的，它和袖山高和袖山曲线有直接关系。袖摆量增加得越多，袖子的宽松度越大，袖山越低，袖山曲线越趋向平缓。当袖摆量增加较少，不足以影响袖山结构时，也可以直接在袖缝处直接增加。

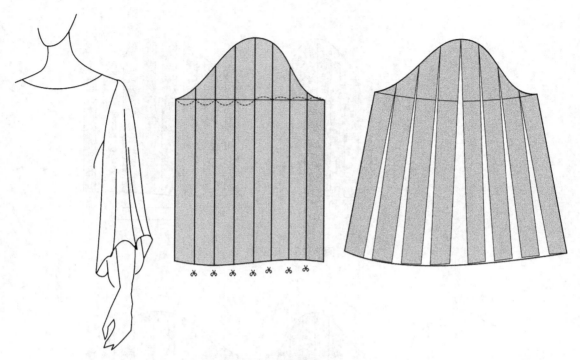

图 3-24　喇叭袖

　　喇叭袖可以有多种变化，可以通过分割线设计不同的各种局部的喇叭造型，也可配合缝制工艺，产生不同的装饰效果，如图3-25所示。

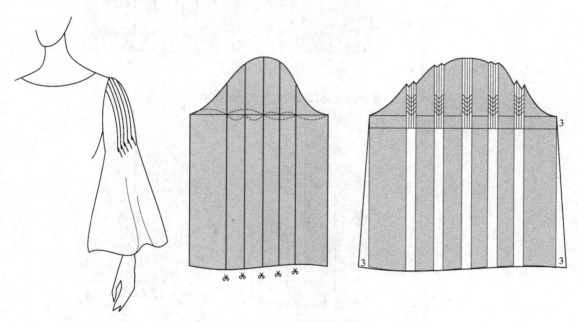

图 3-25　袖山车装饰线的喇叭袖

　　（2）灯笼袖　如图3-26所示，灯笼袖是袖山和袖口部位都通过缩褶，使宽松的袖身膨出的袖型。灯笼袖的板型设计同样可以通过切展的方法获得，需要注意褶量应集中在袖子的外侧，不同的袖口设计和工艺处理可以丰富灯笼袖的变化，如图3-27和图3-28所示。

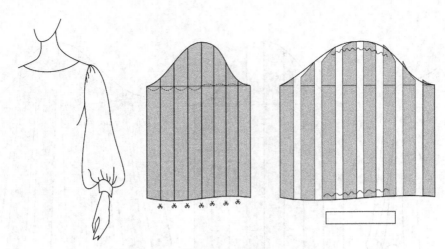

图3-26　灯笼袖

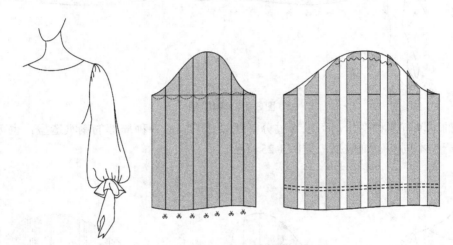

图3-27　袖口松紧带抽紧的灯笼袖

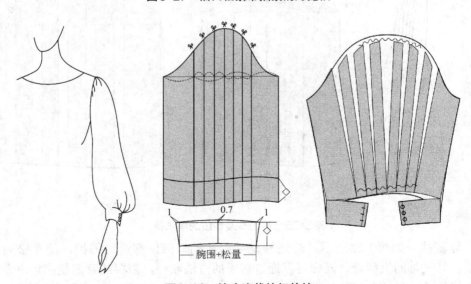

图3-28　袖头连裁的灯笼袖

（3）泡泡袖　泡泡袖是指通过增加褶量使袖山头部分膨出的袖型。在袖山头部位切展的深度和展开的角度是影响泡泡袖造型的关键因素。切展的部位越深，袖山隆起的范围越大；切展的部位越浅，袖山隆起的范围越小。展开的角度越大，褶量越多，隆起的效果越明显；展开的角度越小，褶量越少，袖山造型越趋向平整。图3-29(a)和(b)就是相同的基础袖型，不同的切展深度形成的不同效果。为衬托袖山头的膨出，衣身肩部略收窄，袖口部位也相应做收紧的结构设计。图3-30是切展度较深的羊腿袖的结构设计，图3-31～图3-33是泡泡袖的变化款式设计，通过不同的分割线设计，使袖子在不同部位缩褶产生膨出的效果。

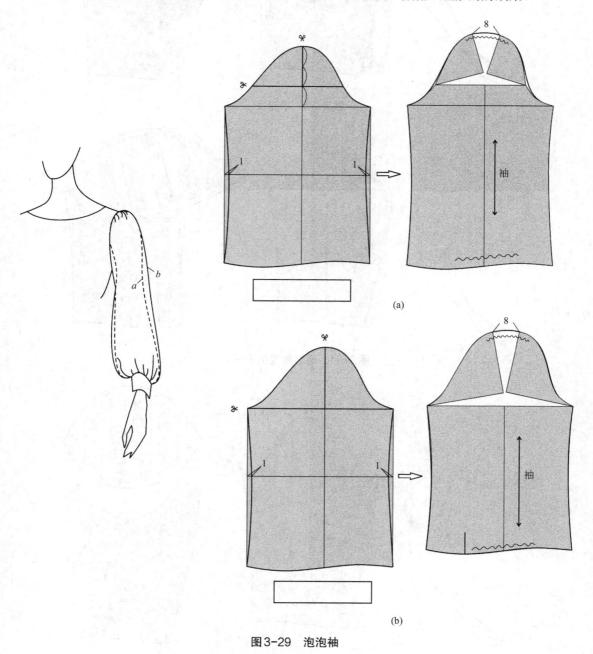

图3-29　泡泡袖

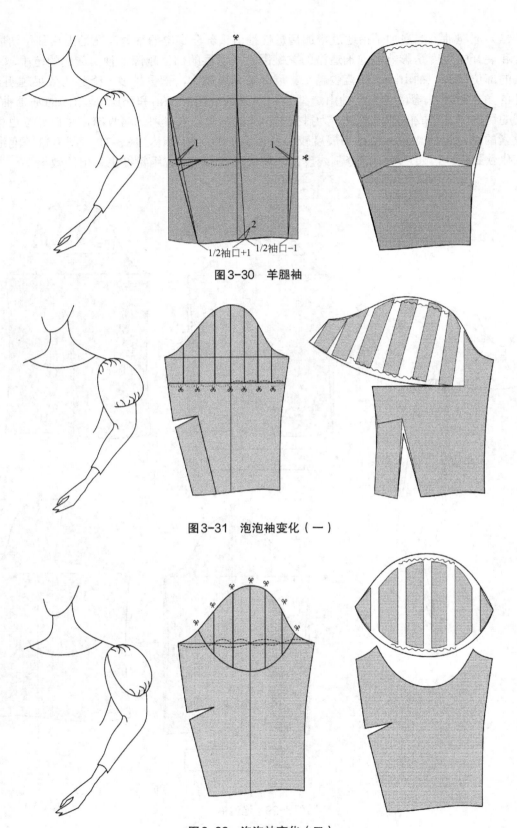

图3-30　羊腿袖

$1/2$袖口$+1$　　$1/2$袖口-1

图3-31　泡泡袖变化（一）

图3-32　泡泡袖变化（二）

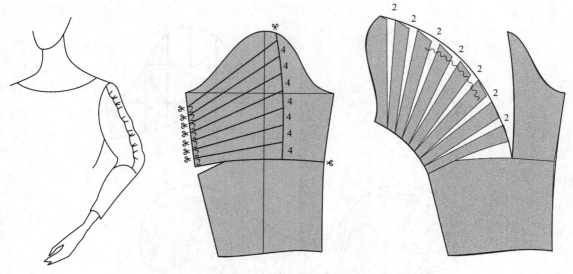

图3-33　泡泡袖变化（三）

（4）郁金香袖　郁金香袖因其造型酷似郁金香花而得名。袖子外侧像两片郁金香花瓣相互包裹，袖子内缝线对接在一起，整个袖子仍然保持一片袖的结构，如图3-34所示，图3-35是郁金香袖与泡泡袖的结合变化。

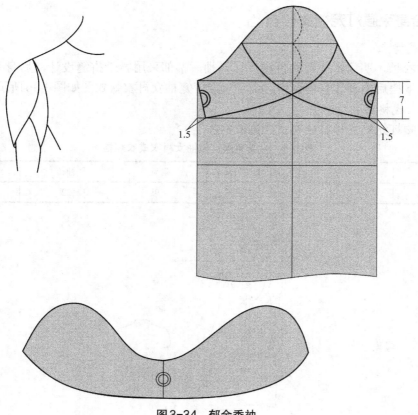

图3-34　郁金香袖

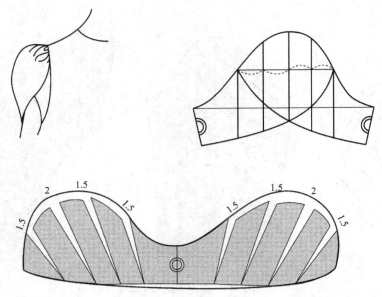

图 3-35　郁金香泡泡袖

第四节　衬衣流行款式设计

一、合身束腰灯笼袖女衬衣

1. 款式特点

男式衬衣领，明门襟，前胸拼接，灯笼袖，腰部采用腰带拼缝设计，后身刀背缝结构，圆摆，而且下摆后中设计有塔克褶。合身束腰灯笼袖女衬衣款式图如图3-36所示。

2. 成衣规格

合身束腰灯笼袖女衬衣成衣规格见表3-1。

表 3-1　合身束腰灯笼袖女衬衣成衣规格　　　　　　　　　　　　　单位：cm

号型	衣长	胸围	肩宽	袖长	领大
160/84A	61	92	39	22	37

图 3-36　合身束腰灯笼袖女衬衣款式图

3. 结构设计

合身束腰灯笼袖女衬衣结构图及纸样拆分图如图3-37和图3-38所示。

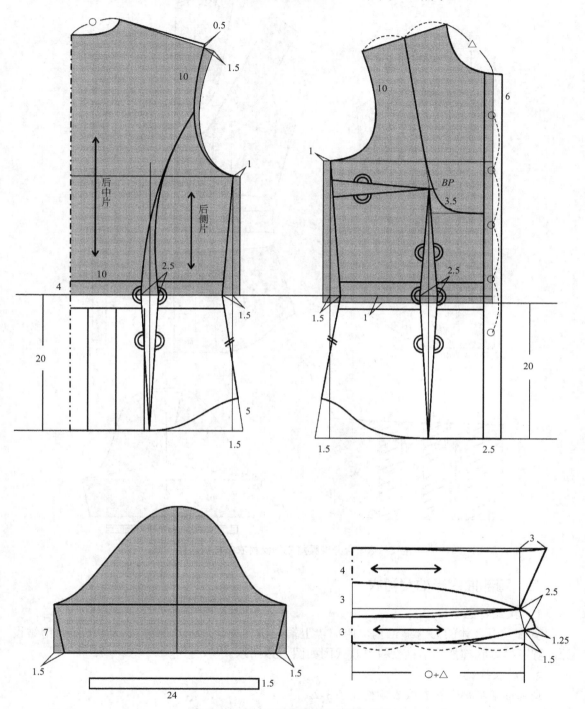

图3-37　合身束腰灯笼袖女衬衣结构图

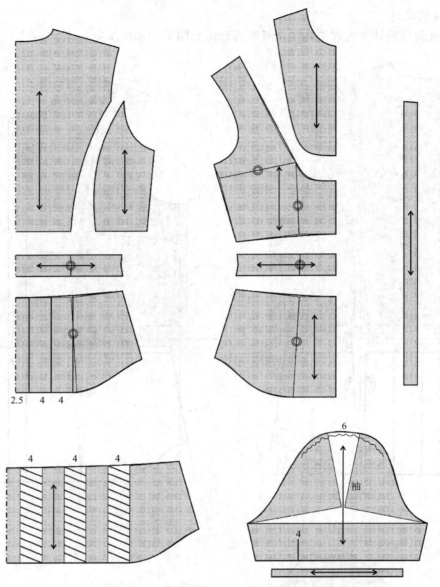

图3-38　合身束腰灯笼袖女衬衣纸样拆分图

二、胸部抽褶半袖女衬衣

1. 款式特点

整体采用合体的刀背缝结构，明门襟上端无搭门设计，一片圆装袖，胸部采用褶皱设计，圆下摆。胸部抽褶半袖女衬衣款式图如图3-39所示。

2. 成衣规格

胸部抽褶半袖女衬衣成衣规格见表3-2。

表3-2　胸部抽褶半袖女衬衣成衣规格　　　　　　　　单位：cm

号型	衣长	胸围	肩宽	袖长	领大
160/84A	61	92	39	20	37

图3-39　胸部抽褶半袖女衬衣款式图

3. 结构设计

胸部抽褶半袖女衬衣结构图及纸样拆分图如图3-40和图3-41所示。

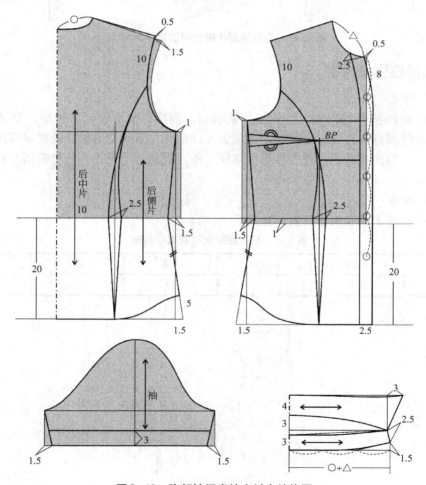

图3-40　胸部抽褶半袖女衬衣结构图

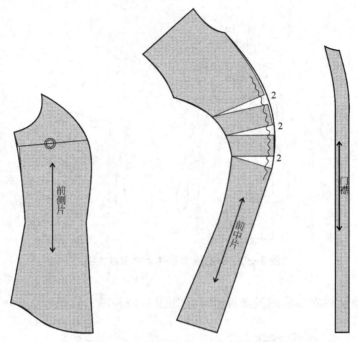

图3-41　胸部抽褶半袖女衬衣纸样拆分图

三、长袖镶拼女衬衣

1. 款式特点

立领，前胸拼接并抽碎褶，灯笼袖，紧袖口，圆摆，后身设计有过肩，整体既宽松舒适，又可通过腰部系本料细腰带收腰，美观大方。前胸、后身过肩拼缝处也可镶拼与腰带同色的配色牙子，当面料有条格时亦可采用斜丝，使之更加富于变化。长袖镶拼女衬衣款式图如图3-42所示。

2. 成衣规格

长袖镶拼女衬衣成衣规格见表3-3。

表3-3　长袖镶拼女衬衣成衣规格　　　　　　　　　　　　　　单位：cm

号型	衣长	胸围	肩宽	袖长	领大
160/84A	65.5	96	39	52.5	37

图3-42　长袖镶拼女衬衣款式图

3. 结构设计

长袖镶拼女衬衣结构图及纸样拆分图如图3-43～图3-45所示。

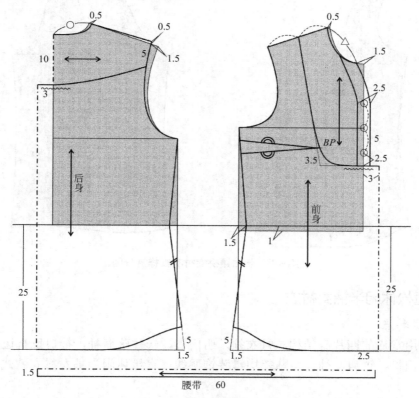

图3-43　长袖镶拼女衬衣结构图（一）

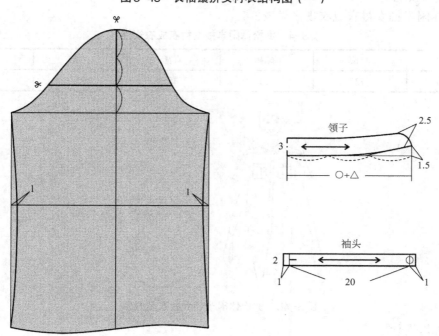

图3-44　长袖镶拼女衬衣结构图（二）

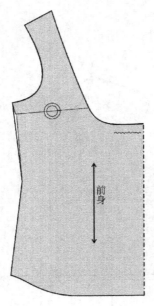
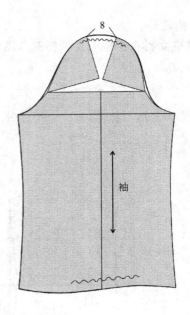

图3-45　长袖镶拼女衬衣纸样拆分图

四、宽松休闲半袖女衬衣

1. 款式特点

整体采用宽松的四片身结构，衬衣领，明门襟，一片落肩袖，袖口反折边，胸部明贴袋，领子、门襟、过肩、袖口、贴袋均辑装饰明线。宽松休闲半袖女衬衣款式图如图3-46所示。

2. 成衣规格

宽松休闲半袖女衬衣成衣规格见表3-4。

表3-4　宽松休闲半袖女衬衣成衣规格　　　　　　　　　　　　　　单位：cm

号型	衣长	胸围	肩宽	袖长	领大
160/84A	72	112	45	25	39

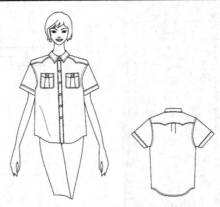

图3-46　宽松休闲半袖女衬衣款式图

3. 结构设计

宽松休闲半袖女衬衣结构图如图3-47所示。

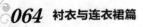

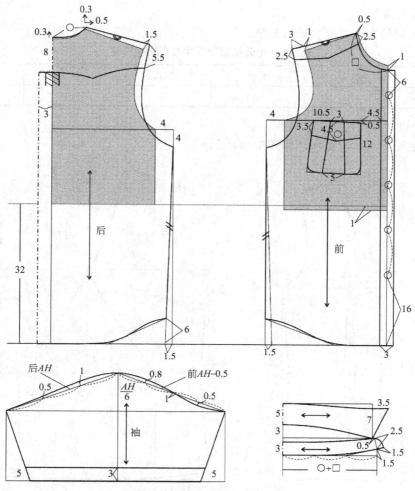

图3-47　宽松休闲半袖女衬衣结构图

五、七分袖束腰带女衬衣

1. 款式特点

整体采用四片身结构，深V形领口、翻领，偏门襟，右衣身止口处夹缝纽襻，合体的七分袖，腰部束腰带，衬托出女性柔美风格。七分袖束腰带女衬衣款式图如图3-48所示。

图3-48　七分袖束腰带女衬衣款式图

2. 成衣规格

七分袖束腰带女衬衣成衣规格见表3-5。

表3-5 七分袖束腰带女衬衣成衣规格

单位：cm

号型	衣长	胸围	肩宽	袖长	袖口
160/84A	61.5	96	39	40	24

3. 结构设计

七分袖束腰带女衬衣结构图如图3-49所示。

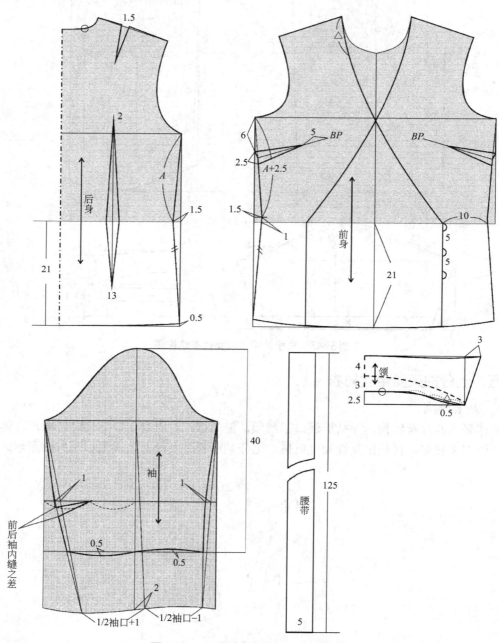

图3-49 七分袖束腰带女衬衣结构图

六、插肩袖镶花边套头女衬衣

1. 款式特点

衣身采用四片身结构，方形领口，七分插肩袖，领口和腰部采用抽褶设计的同时，领口、袖口和腰部车缝装饰花边，整体设计呈现出古朴的民族风格。插肩袖镶花边套头女衬衣款式图如图3-50所示。

图3-50　插肩袖镶花边套头女衬衣款式图

2. 成衣规格

插肩袖镶花边套头女衬衣成衣规格见表3-6。

表3-6　插肩袖镶花边套头女衬衣成衣规格　　　　　　　　　单位：cm

号型	衣长	胸围	袖长	袖口
160/84A	60.5	96	40	34

3. 结构设计

插肩袖镶花边套头女衬衣结构图如图3-51、图3-52所示。

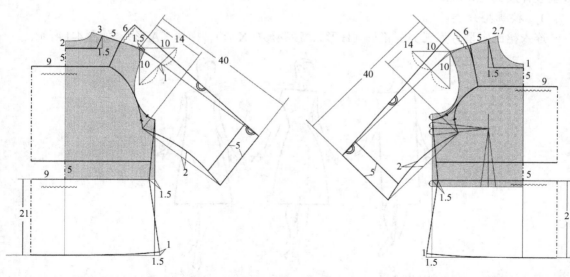

图3-51　插肩袖镶花边套头女衬衣结构图（一）　　**图3-52　插肩袖镶花边套头女衬衣结构图（二）**

第四章　连衣裙

第一节　连衣裙概述

连衣裙是指上衣衣身与裙子连在一起的服装款式品种，以其构成形态而得名，是女装结构设计中的一个典型品种。

一、连衣裙的分类

连衣裙的款式变化非常丰富，种类繁多。其分类方法也有多种。可以按廓型、合体度、衣身结构、袖子、分割线等进行分类。明确连衣裙的种类，有助于合理高效地进行连衣裙的板型设计及其变化应用。

1. 按廓型分类

连衣裙的廓型分为三类：箱形（H形）、沙漏形（X形）、梯形（A形），如图4-1所示。

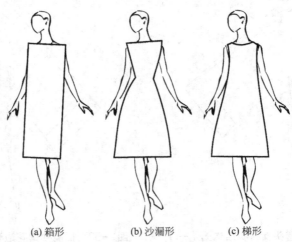

(a) 箱形　　　　　(b) 沙漏形　　　　　(c) 梯形

图4-1　连衣裙廓型

（1）箱形（H形）　箱形的连衣裙比较宽松，不强调人体曲线，下摆同臀宽或稍收进，呈直线外轮廓型，也称直筒形轮廓。因为外形简单，可在腰部系扎腰带，形成一种宽松、随意、潇洒的风格，常见于有军装风格的连衣裙。没有特定适用的面料，但应避免采用薄型且透明的面料。

（2）沙漏形（X形）　沙漏形的连衣裙是指利用省道和结构线的设计，使连衣裙达到上身贴体束腰，腰线以下呈喇叭状的效果，这是连衣裙最基本的款型，能体现女性柔美的气质。改变面料与下摆的宽松度，既可以显示出轻便和休闲的风格，也可以展示成熟的女性魅力，宜选用悬垂度较好的面料。

（3）梯形（A形）　梯形的连衣裙是指连衣裙肩宽较窄，从胸部到底摆自然加入放松量，增大底摆，整体呈梯形，是一款可以包裹住人体且掩盖住人体曲线的经典廓型。伴随裙长的变化可以产生不同的效果，短款更加活泼俏丽，长款更加优雅舒适。

2．按合体度分类

连衣裙按合体度可以分为紧身型、合身型、半宽松型、宽松型。

紧身型连衣裙多用于晚装礼服的设计，宜选用弹性较好的面料。合身型、半宽松型和宽松型多用于夏季和春秋季连衣裙的设计。

3．按衣身与裙子的组合形式分类

连衣裙的腰线是上衣衣身与裙子的组合部位，按衣身与裙子的组合形式可以分为无腰线型和有腰线型两大类。其中，有腰线型连衣裙又可以根据腰线剪接位置的不同细分为标准腰线型、高腰线型、低腰线型三种基本结构形式，如图4-2所示。

标准腰线型是指腰线的剪接位置在人体腰部最细处，即人体标准的腰围线上，是连衣裙最基本的分割方式，配合裙长和外轮廓的改变可以产生不同的效果；高腰线型是指腰线的剪接位置在正常腰围线与胸围线之间进行的设计，分割线以上是设计的重点，大多配合收腰和宽摆的设计；低腰线型是指腰线的剪接位置在腰围线与臀围线之间进行的设计。腰线的位置需要根据衣长的比例而定，注意服装的整体平衡，相对于高腰线和低腰线而言，标准腰线型也称中腰线。

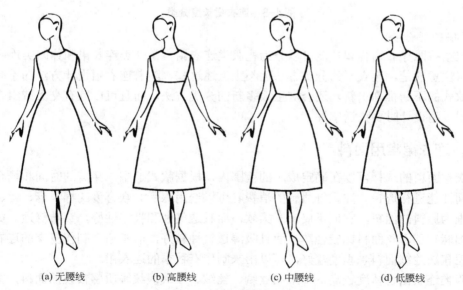

(a) 无腰线　　　　　(b) 高腰线　　　　　(c) 中腰线　　　　　(d) 低腰线

图4-2　连衣裙腰线结构分类

4. 按长度分类

（1）按裙摆长度分　连衣裙的裙摆长度以人体膝关节为参照可以分为长摆、标准和短摆三种层次。膝下10cm为标准连衣裙；膝下10cm至小腿1/2处的为长摆连衣裙；膝下10cm至膝上10cm的为短摆连衣裙；长于小腿1/2处的为超长连衣裙；短于膝上10cm的为超短连衣裙。

（2）按袖子长度分　连衣裙按袖子长度可以分为长袖、九分袖、七分袖、五分袖、短袖等各种长度袖长的连衣裙，以及无袖连衣裙和吊带连衣裙等，如图4-3所示。

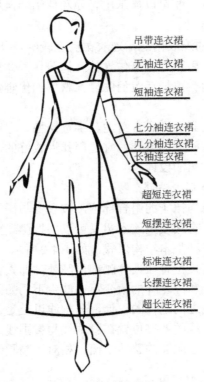

图4-3　连衣裙长度分类

5. 按功能分类

连衣裙按照穿着场合和功能可以分为礼服类连衣裙、常规类连衣裙和休闲类连衣裙。

值得注意的是，连衣裙的分类方法远不止上述这些，随着连衣裙设计方法的不断丰富完善和新款式的不断推陈出新，还会产生很多新的分类方法，而且可以互有交叉或组合，在进行连衣裙板型设计时要灵活掌握。

二、连衣裙常用面料

连衣裙面料的选择可以在确定成本的范围内，根据款式造型、穿着的时间和场合以及面料的不同性能进行选择。注重舒适感的消费者可以选用深受大众喜爱的棉、麻、丝、毛等纯天然纤维为原料的面料，它们不仅手感柔软，而且透气性和吸湿性好，穿着舒适。如各种纯棉布、棉麻布和真丝面料比较轻薄，而且吸湿透气性较好，非常适合制作夏季的连衣裙，薄型毛花呢和法兰绒面料悬垂度较好，可以用来制作春秋季的连衣裙。

礼服类连衣裙合体度较高，多采用丝绸、丝绒、纱或缎纹等质感较强的面料，突出其高贵和端庄的特点，如乔其纱和真丝双绉面料适合制作礼服类和较高档的日常类连衣裙。常规类连衣裙多采用合身结构，主要用于日常穿着，可采用的面料比较宽泛，春秋季可选用毛花呢、法兰绒等，夏季可用乔其纱、雪纺、棉布等。休闲类连衣裙多采用较为宽松的结构，常采用水洗布、涤棉布或棉麻交织布等，突出舒适的功能，适合休闲度假时穿着，如纯棉布和棉麻混纺布适合制作夏季的休闲类连衣裙，泡泡纱适合制作儿童和少女连衣裙。

由于以棉、麻、丝、毛等纯天然纤维为原料的面料存在保形性差、易起皱、不耐日晒和汗渍等缺陷，而以合成纤维为原料的面料具有强度高、色牢度高、不易起皱等优点，所以天然纤维和合成纤维混纺的面料也非常受大众欢迎，如涤棉和毛涤面料分别适合制作夏季和春秋季的连衣裙。

三、连衣裙各部位名称

图4-4是连衣裙各部位名称。

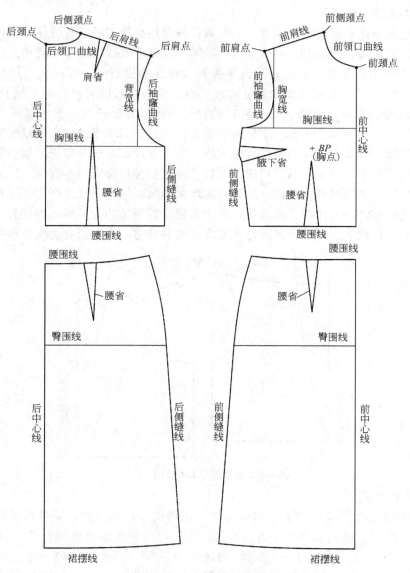

图4-4　连衣裙各部位名称

第二节　连衣裙领型配置

连衣裙的领型可以有多种选择，按结构可分为无领领型和有领领型两大类。领子的基本结构是由前后衣身部位的领口线和领子共同构成的。无领子的款式只有领口线，也称领线领。本节将针对领线领做重点介绍，其他领型可参考本书第三章第二节的相关内容。

领线领是以衣身领口线型显示服装的款式风格的，其结构设计不能简单地认为只是去掉领子而已，领线领款式设计重点是追求领口的线型与人体脸部的完美结合。在服装结构设计上，为了避免在穿着无领的服装时出现前领线荡开的尴尬局面，达到平衡、伏贴、合体的效果，应正确掌握领口线的结构设计方法。

一、领线领的结构设计原理

1. 领口线的采寸范围

领线领是夏季连衣裙的主要领型之一，领口线可根据款式做多种变化，根据领口线的形状有圆形领、方形领、鸡心领、船形领、U形领等，由于领线领的领口变化无穷，从而使得连衣裙款式变化丰富多样，但需要注意掌握领口设计的极限量。领口宽点是服装中的着力点，肩端点（SP点）是加宽领口宽尺寸的临界点，领口宽超过肩宽点时，领子已不再存在，此时的服装称为露肩装，通常会增加肩带的设计。领口开深的尺寸范围以不过分暴露为原则，尤其是胸部。如图4-5所示，连衣裙前衣身领口的开深极限为BP点的水平线，后衣身开深极限为腰线。一般来说，当领口宽增大较多时，领口深宜浅不宜深；而当领口深加深较多时，领口宽宜窄不宜宽；当前领口深开深较多时，后领口深宜浅不宜深；反之亦然。如果领口宽、领口深均大幅度开大或前、后领口深均大幅度开深，肩线会产生不平衡的状态，从而导致领口线滑移，与人体不伏贴。所以，通常领线领服装的领口线不提倡领口宽、领口深同时大幅度开大，或前、后领口深同时大幅度开深的状态，少数紧身类服装除外。

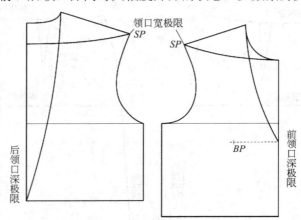

领口宽极限
SP　　SP
BP
后领口深极限
前领口深极限

图4-5　连衣裙领口线的采寸范围

2. 套头式领线领

套头式领线领为了满足套头穿着的需要，在结构设计的同时，要复核领口线的长度和头围的尺寸。当领口线的长度小于人体头围的尺寸时（弹性面料除外），可以增加一个开口设计，开口长度=1/2头围尺寸－（前领口弧线长+后领口弧线长）+2 ～ 5cm松量；当领口线的长度大于人体头围的尺寸加上一定的放松量（3cm以上）时，可以不增加其他的开口设计。此时，通常领口开得较大，前领线往往已处于人体锁骨的下面，为防止前领口线处荡开而出现多余的量，套头式领线领其后领口宽要大于前领口宽0.5 ～ 1cm，使前领口带紧，保持领口部位的平衡、合体状态，如图4-6所示。

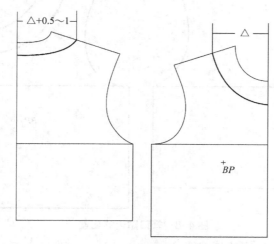

图4-6　套头式前、后领口宽的搭配

3．领口滚条、压条和贴边的配置

结构设计的同时要充分考虑工艺处理方式，并且与之密切结合。领线领的领口部位的工艺形式有滚条、压条、贴边三种，其中滚条、压条工艺适合圆弧形领口，贴边工艺适合大部分领口。当采用滚条、压条工艺时，滚条、压条的配置均可采用45°斜裁的面料，宽度取滚边宽度或压边宽度的2倍再加缝份，长度略小于领口弧线长度，一般根据面料松紧度取领口弧线长度的90% ～ 95%即可（图4-7）；而采用贴边工艺时，当领口开得比较大时，仅按领口形状配置贴边（贴边宽度3 ～ 4cm），还不能达到平服、合体效果，应将贴边的里口（前、后中线处）去除0.5 ～ 0.7cm，缝制后，既能满足领围线的"里外匀"工艺要求的需要，又能取得前、后领口平衡、合体的效果。所以，合理配置领口贴边也是保证领线领平服、合体的关键（图4-8）。

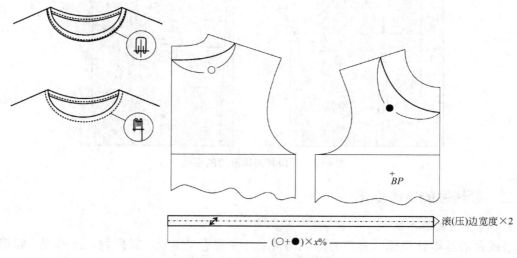

图4-7　领口滚（压）边的配置

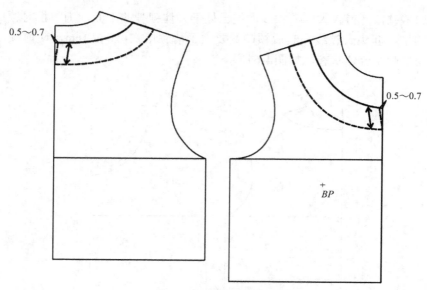

0.5~0.7

0.5~0.7

+
BP

图4-8　领口贴边的配置

4. 领口贴边与袖口贴边的连裁

领线领连衣裙还经常采用无袖的款式设计，工艺上不仅可以采用滚条、压条、贴边三种工艺形式，而且还应注意领口与袖窿的工艺处理方式的一致性；同时，当采用贴边工艺时，如果肩宽较窄，可以采用领口贴边和袖窿贴边连裁的方式，使领口和袖窿更加平服，如图4-9所示。

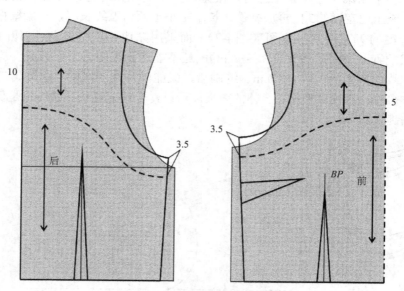

10

后

3.5

3.5

5

BP

前

图4-9　领口和袖口贴边的连裁

二、领线领的结构变化

1. 领线领的基本款型

领线领的基本款型按照领口的形状而得名，主要有 V 字领、圆形领、方形领、船形领等，如图4-10 ～图4-13所示。

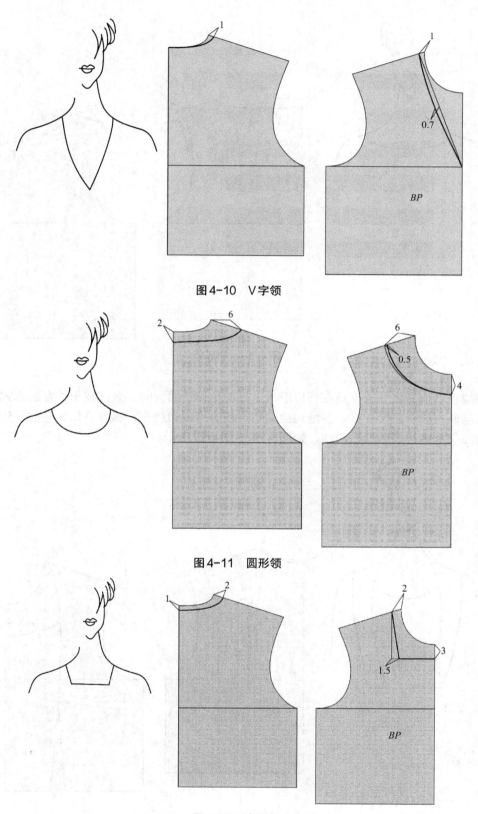

图4-10 V字领

图4-11 圆形领

图4-12 方形领

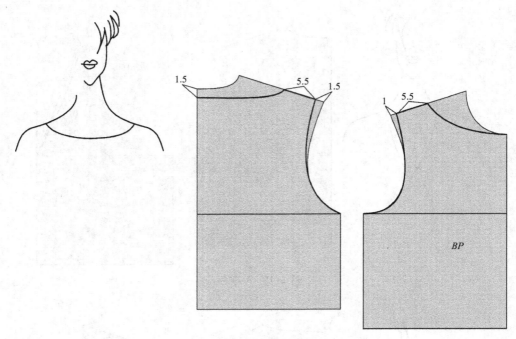

图4-13　船形领

2. 领线领的结构变化

领线领结构变化的重点是在领口形状进行变化设计的同时，既注重把外在的形式美与内在的功能性相结合，又注重衣身结构线与领口线的协调和统一，保持整体风格的一致，注重领口线与衣身结构线的内在联动，如图4-14～图4-17所示。

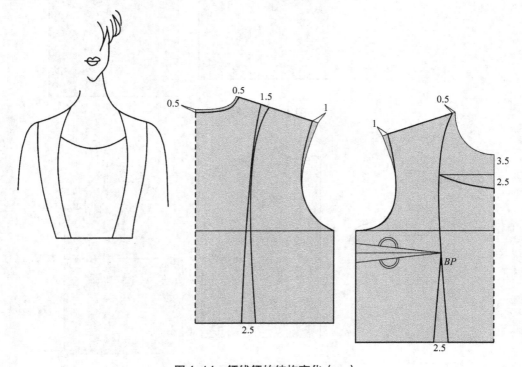

图4-14　领线领的结构变化（一）

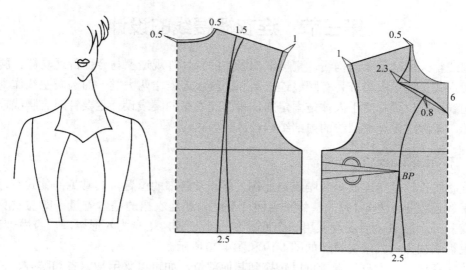

图4-15　领线领的结构变化（二）

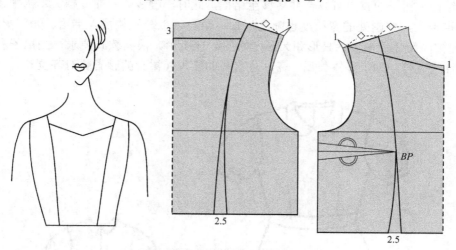

图4-16　领线领的结构变化（三）

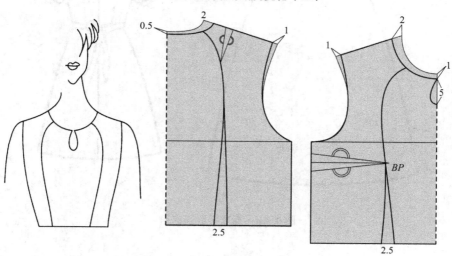

图4-17　领线领的结构变化（四）

第三节　连衣裙腰线的设计

腰围线是人体的重要结构线，直接影响服装的整体外观造型与合体舒适功能。腰围线的外在表现形式又把连衣裙分为有腰线连衣裙和无腰线连衣裙两大类，而因腰围线作为人体重要的结构线，其位置相对于人体是固定的，本节连衣裙的腰线设计主要针对有腰线连衣裙的结构设计，即款式设计造型线的内部结构设计与表达。

一、标准腰线设计

标准腰线设计是指连衣裙的腰线设计在人体正常腰部的位置，其常见的款式有标准腰线短袖、平领连衣裙（图4-18），整体采用四片身结构和连衣裙的基本省量，即前衣身采用一个腋下省和一个腰省，后衣身采用一个肩省和一个腰省，裙身为A形裙，后身中部装拉链，平领、短袖绷袖头。其结构设计如图4-19和图4-20所示。

在款式变化上，衣身的省量可以转换到其他部位，如可以采用袖窿省和腰省、刀背缝或公主线的结构；裙子的省量可以合并转移至裙摆，此时，腰线的弯曲度越大，裙摆越大，裙摆的起翘也越大，臀围处的宽松度也随之增加，裙身可以分别构成A字裙、90°裙、180°裙和360°裙，整体造型多为H形和X形，如图4-21所示。根据款式要求，当裙子和前后衣身都需设计腰省时，为了整体美观，需注意衣身的腰省和裙身的腰省要对齐位置。

图4-18　标准腰线连衣裙

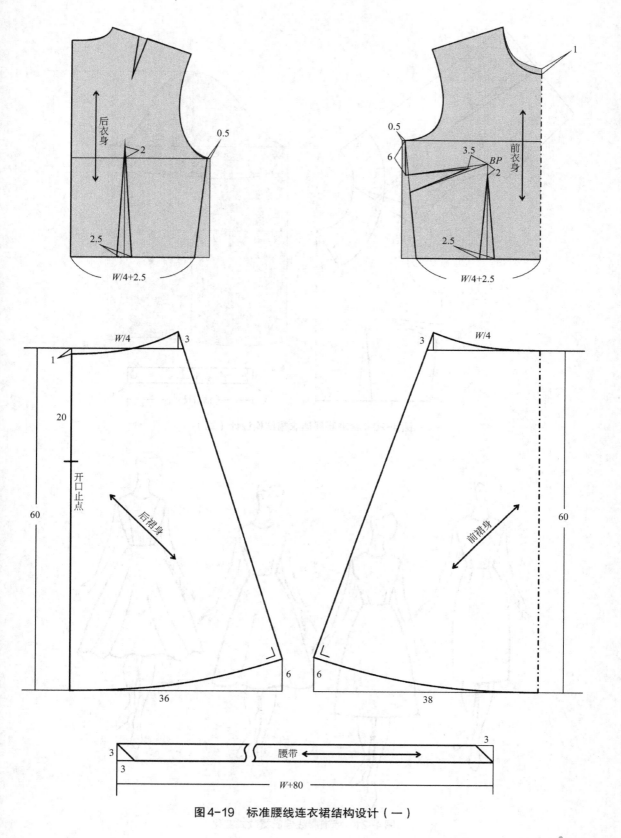

图4-19　标准腰线连衣裙结构设计（一）

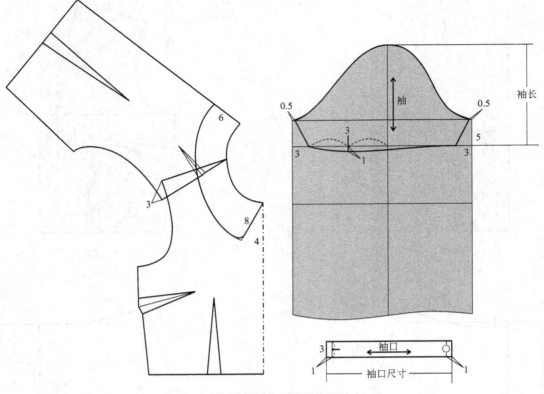

袖长

袖

0.5   0.5

3   3   1   5   3

6

3

8

4

3   袖口

1   袖口尺寸   1

图4-20　标准腰线连衣裙结构设计（二）

图4-21　标准腰线连衣裙款式变化

二、高腰线设计

高腰线设计是指连衣裙的腰线设计在人体正常腰围线以上、胸围线以下的位置，如图4-22所示。在结构处理上，第一要注意为了符合人体，腰省的最宽处在人体腰部最细（结构线）处，而不是裙子腰部的造型分割线上；第二要注意为了美观，前后身腰线在侧缝处的位置应对齐；第三由于腰线的提高，使得衣身腰省的省长较短，可以结合款式变化转换为褶量，裙身的省长较长，既可以转省至裙摆处，也可以转省至分割线中，采用分片的结构，达到款式的变化，整体造型可为H形、X形和A形。

图4-23是一款高腰线连衣裙设计实例的款式图，深V字领，胸部抽碎褶，偏门襟，窄肩，后身腰线呈V形，腰省合并转移至裙摆处，可作为小礼服穿着。图4-24和图4-25是此款高腰线连衣裙的结构设计图。

图4-22　高腰线连衣裙设计

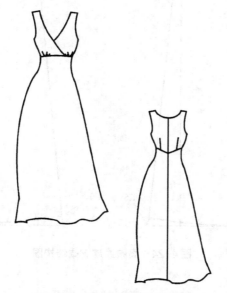

图4-23　高腰线连衣裙款式图

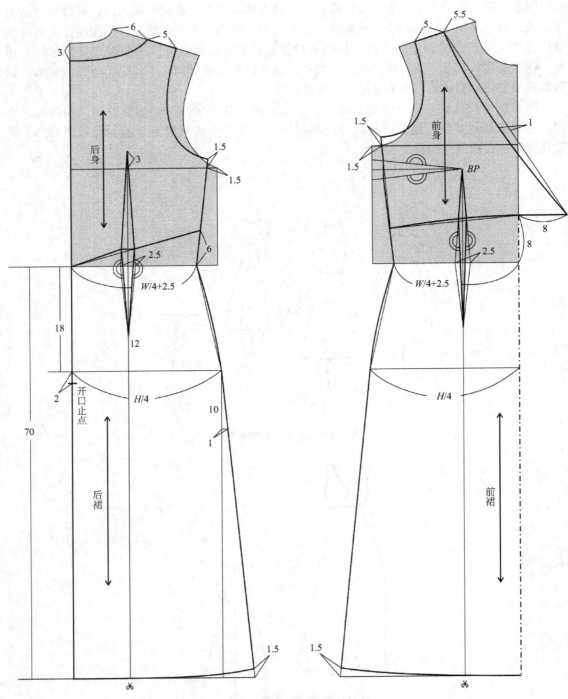

图4-24 高腰线连衣裙结构图

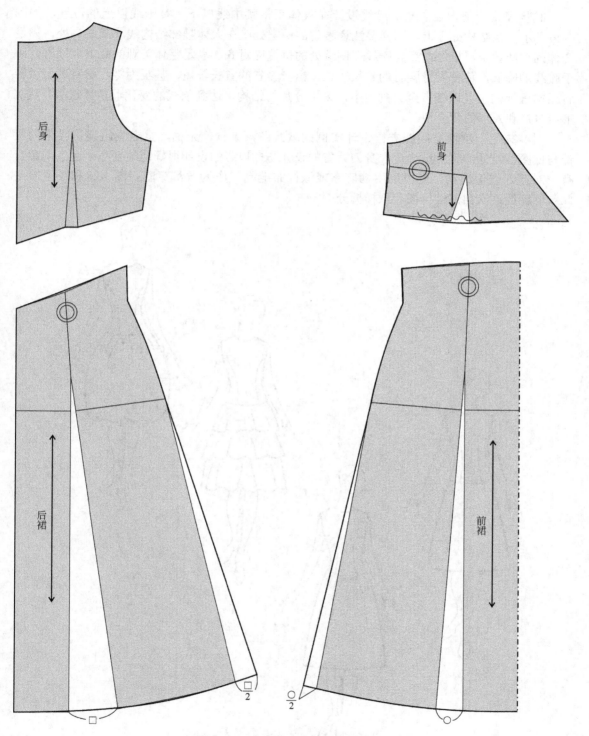

图4-25 高腰线连衣裙纸样拆分图

三、低腰线设计

低腰线设计是指连衣裙的腰线设计在人体正常腰围线以下、臀围线以上的位置，如图4-26所示。在结构处理上，同样要注意腰省的最宽处应在人体腰部结构线（最细）处，满足合体的功能要求，以及前后身腰线在侧缝处的位置应对齐，满足整体美观的要求；同时，由于腰线的降低，使得衣身腰省的省长较长，裙身腰省的省长较短，甚至为零，裙身既可以转省至裙摆处，也可以转省至分割线中，采用分片的结构，达到款式的变化，整体造型可为X形或H形和A形的复合型。

图4-27是一款低腰线连衣裙设计实例的款式图，无领、无袖，重点突出装饰腰带的设计与低腰线设计的有机结合，衣身刀背省的设计与插口袋的设计很好地结合在一起。前裙身有一对褶，方便运动，可以采用棉麻布或涤棉布缝制，作为日常穿着。图4-28和图4-29是此款低腰线连衣裙的结构图和纸样拆分图。

图4-26　低腰线连衣裙设计

图4-27　低腰线连衣裙款式图

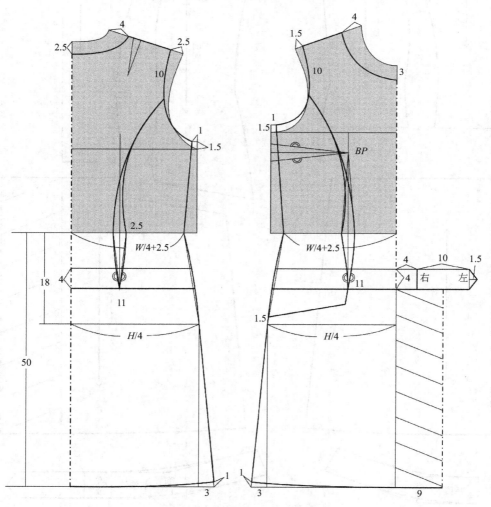

图4-28　低腰线连衣裙结构图

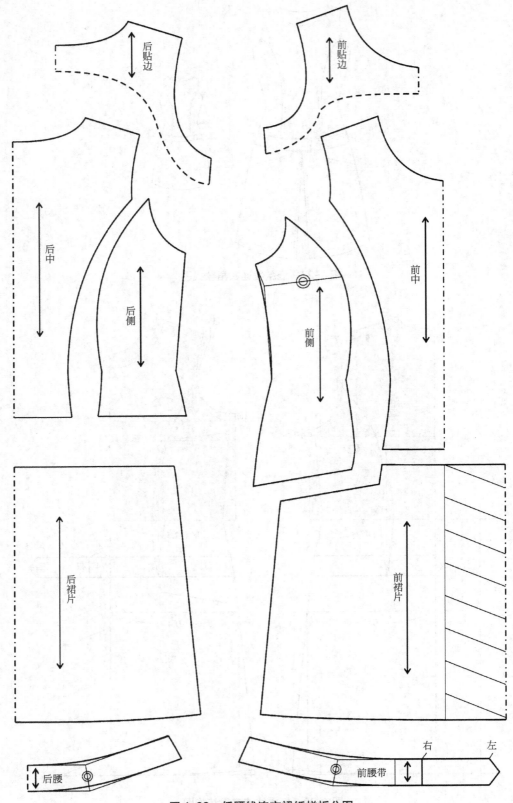

图4-29　低腰线连衣裙纸样拆分图

第四节　连衣裙的分割线设计

连衣裙的分割线直观上可以分为水平分割线型、垂直分割线型和斜向分割线型三大类。每一类还可细分为若干种不同的形式，造型分割线的设计通常需兼顾造型美观和收身合体的功能，款式和结构变化十分丰富。

一、垂直分割线设计

如图4-30所示，垂直分割线型主要有中心线分割、公主线分割、刀背线分割。中心线分割因为只在前后中心线与侧缝处有接缝，故收腰效果不明显，整体外轮廓接近于直筒，胸部浮余量分别转移至侧缝、袖窿、肩等处。公主线分割是从肩至底摆且通过胸高点的纵向分割线，胸省已经转移至分割线处，突出表现合体的胸部、收窄的腰部和底摆的自然放宽，是比较优雅的外轮廓型，适用于大多数体型，改变腰部松量与下摆放量可改变外轮廓形态。刀背线分割一般从袖窿处开始，经过胸高点附近、腰线至底摆，产生的轮廓造型与公主线分割相同。当采用带条纹或格子面料时，公主线分割在胸部容易使条格错位变形，故选择刀背线分割是比较好的。

(a) 中心线　　　　(b) 公主线　　　　(c) 刀背线

图4-30　连衣裙垂直分割线设计

二、水平分割线设计

水平分割线型除了包含有腰线连衣裙（基本腰线、高腰线、低腰线）的腰线分割外，还有育克分割和裙摆分割，如图4-31所示。育克一般在胸围线以上肩线附近进行分割，育克以下的部分结合采用垂直分割线；裙摆分割一般从裙摆处按一定比例向上量取一定尺寸作平行于裙摆的水平分割。育克分割和裙摆分割一般都结合褶皱的变化，育克分割线和裙摆分割线都可以有多种造型形式。

(a) 育克分割　　　　　　(b) 裙摆分割　　　　　　(c) 斜向分割

图4-31　连衣裙水平与斜向分割

三、斜向分割线设计

连衣裙的造型结构设计，除了垂直分割线和水平分割线设计外，还可以采用斜向分割线的设计。斜向分割可以赋予连衣裙更多的变化，多为不对称的方式，而且多数结合省缝的转移和加褶的变化，并且应注意整体的视觉效果，如图4-31所示。

第五节　连衣裙裙摆的设计

裙摆的设计是连衣裙造型中的重要部分，它受各种因素的影响，是连衣裙围度中变化最大的，并且与胸围、腰围、臀围共同构成连衣裙的廓型。如X形的宽摆、H形的窄摆、A形的大宽摆等，形成了不同风格的款式造型，变化十分丰富。这里需要明确的是，裙摆的变化不是单纯地增加或减小下摆围度的尺寸，而是有其特有的规律。

一、裙摆的变化幅度

裙摆围度的设计要兼顾功能性和造型性设计两方面。一方面，任何服装款式首先要满足于功能性的要求，裙子摆围的大小直接影响穿着者行走时的方便与否，表4-1是人体正常行走尺度，可供参考。实验证明，最小摆围的设计应以臀围线为基数，在臀围线以下，裙长每增加10cm，每四分之一片的侧缝处下摆要扩展1～1.5cm。由此可见，摆围的大小是与裙长成正比的。另一方面，如果出于对造型的考虑，而使摆围小于最小值时，则需同时设计褶裥或开衩，而且开衩止点应高于膝关节，以补充其运动幅度的不足。这也正是多数的紧身裙型下摆设有开衩的原因。

表4-1　人体正常行走尺度　　　　　　　　　　　单位：cm

动作	距离	两膝围度	作用点
一般步行	65（足距）	82～109	裙摆松度
大步行走	73（足距）	90～112	裙摆松度
一般登高	20（足至地面）	98～114	裙摆松度
两级台阶登高	40（足至地面）	126～128	裙摆松度

　　裙子摆围设计的最大值原则上没有限制，仍然是在满足造型要求的基础上兼顾穿着者行动的方便。通常情况下，宽摆裙的裙摆大小与裙长成正比；窄摆裙的裙开衩长度与裙长成正比。

二、增大裙摆的方法

　　裙摆的增大是以臀围为基数，增加一定的宽松量，这个量属于设计量，主要依据造型的要求。下面把连衣裙按结构划分为有腰线连衣裙和无腰线连衣裙分别进行阐述。

　　1. 有腰线连衣裙增大裙摆的方法

　　有腰线连衣裙增加裙摆设计量的方法是，根据裙摆的大小将裙片均匀地分成几等份（裙摆越大，等份数越多），按等分线剪开后再展开，展开增加的设计量加上原有尺寸就是裙摆的大小。这种先剪开纸样，再展开后增加余量的设计方法也称切展法，是板型设计的常用方法。

　　增加展开量的形式有以下三种。

　　（1）平移等量展开　如图4-32(a)所示，样片剪开后，各样片向两侧平行等量展开，使顶部和底部同时增加展开量。按这种方法设计的裙子，在裙摆增大的同时，腰围和臀围尺寸同时增大，腰部需要采取缩缝碎褶或规律褶裥的工艺结构处理，完成与合体上身的缝合。

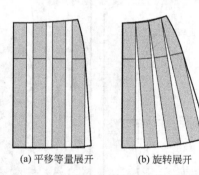

(a) 平移等量展开　　　　(b) 旋转展开

图4-32　裙摆平移等量展开和旋转展开

　　（2）旋转展开　如图4-32(b)所示，样片剪开后，通过旋转各样片的方法，只使裙摆一侧增加展开量，腰线与裙摆线弧度增大，并且与侧缝线构成扇形。按这种方法设计的裙子，在裙摆增大的同时，臀围尺寸同时增大，腰围尺寸没有发生变化，仍然保持原有的合体状态，但是腰围线和裙摆线的形状产生弯曲的变化，使裙摆悬垂后形成自然的波浪褶。X形造型的连衣裙多采用此种裙摆。按照裙摆展开后所形成的角度，可以有90°、180°、360°甚至更大的裙摆。

（3）不等量展开　样片剪开后，同时使用平移和旋转的方法，使样片的一侧展开量比另一侧的多，样片构成扇形。按这种方法设计的裙子，在裙摆增大的同时，腰围和臀围尺寸同时增大，腰围线和裙摆线产生弯曲变化，腰部需要采取缩缝碎褶或规律褶裥的工艺结构处理，完成与合体上身的缝合。如图4-33所示的不等量展开的两种形式可以形成不同的造型。

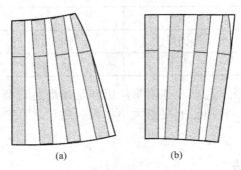

（a）　　　　　　（b）

图4-33　裙摆不等量展开

2. 无腰线连衣裙增大裙摆的方法

无腰线连衣裙增加裙摆设计量的方法是，当裙摆的增加量较大，而从侧缝处的增加量是有限的，不足以满足造型需要时，可以采用在增设纵向分割线或局部分割线的同时加大下摆围度的方法。

（1）增设纵向分割线的方法　增设纵向分割线的方法通常与省缝的转移相结合，兼顾外观的简洁。如图4-34所示，在无腰线连衣裙基础款式的基础上，运用转省的方法设计刀背缝的结构（或公主线的结构），即把腋下省量转移到袖窿处的分割线中，同时，把裙摆增加的设计量等量分配在裙摆处分割线的两侧，此时裙摆应设计一定的翘度，使分割线与其对应的裙摆形成的角度接近90°。

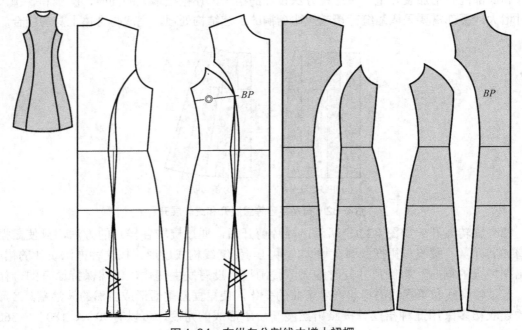

图4-34　在纵向分割线中增大裙摆

此时，裙摆增量的分配规律是：侧缝最大，其中后侧缝大于等于前侧缝，前后分割缝次之，前后中缝为零。

采用此种方法时，裙摆的增大对臀围松量的影响取决于裙摆下参起始点的位置。当下参起始点在腰围线和臀围线之间时，臀围的放松量随着裙摆的增大而增大，各种喇叭裙型多采用此种结构处理方法；当下参起始点正好在臀围线上或在臀围线之下时，裙摆的增大不会影响臀围的放松量，各种鱼尾裙型多采用此种结构处理方法。裙摆起翘量应随着裙摆的增大而加大，如图4-35所示。

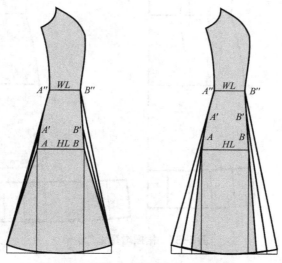

图4-35　裙摆下参起始点与臀围的关系

（2）增设局部分割线的方法　增设局部分割线的方法是指，通过在局部设计分割线，把某一局部从无腰线连衣裙的整体衣片中分离出来，再通过平移等量展开、旋转展开和不等量展开的方法进行裙摆设计量的增加。分割线的设计灵活多样，结合分割线的造型和装饰功能，可以采用纵向、横向、斜向等多种组合形式的分割线，运用此种方法既可以大大丰富增大裙摆设计量的手段，又可以丰富连衣裙的款式变化，如图4-36～图4-39所示。

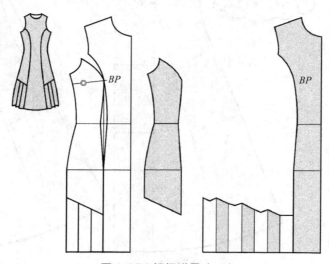

图4-36　裙摆增量（一）

图 4-37　裙摆增量（二）

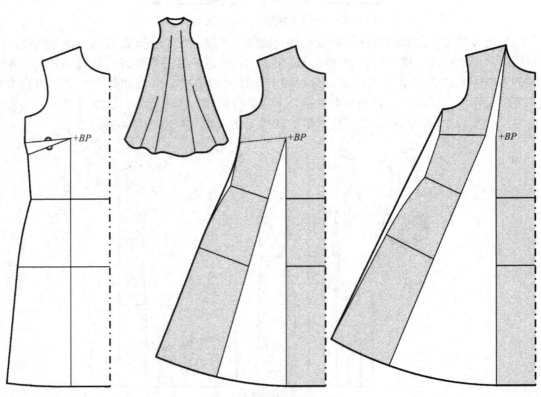

图 4-38　裙摆增量（三）

图 4-39　裙摆增量（四）

第六节　连衣裙开口的设计

连衣裙开口的设计主要是为满足方便穿脱的功能性要求，纽扣和拉链对开口起着闭合的作用，不同的开口位置、长度、形式和种类的设计对服装款式效果起着重要作用，连衣裙开口款式设计灵活，结构变化多样，如图4-40所示。

一、开口的部位

开口的部位可以在前身中部、前身偏左或右侧处、后身中部、左右侧缝处、领口局部或肩部局部。开口的部位通常结合衣身的结构线或分割线设计，把握整体造型的统一，减少"破缝"的现象。

二、开口的形式

开口的形式有明门襟或暗门襟，通开门襟或半开门襟，单排扣或双排扣，搭门式或对襟式，纽扣或拉链，装饰性或功能性，不同的形式需配合相应的搭门或贴边设计。

三、开口的长度

合体连衣裙前中或后中的开口长度一般从领口至臀围线以下2～3cm处，也可以是一直通至裙摆处的，侧缝处的开口长度从腋下3cm至臀围线以下2～3cm处，主要取决于穿脱方便的功能性要求；宽松连衣裙开口的长度可长可短，更多地取决于款式的要求。

图4-40　连衣裙的开口设计

第七节　连衣裙流行款式设计

一、高腰礼服裙

1. 款式特点

裙身采用高腰线，合体四片身结构，V字形领口，无袖，胸部采用褶皱设计，后身中缝处装拉链，方便穿着。高腰礼服裙款式图如图4-41所示。

图4-41　高腰礼服裙款式图

2. 成衣规格

高腰礼服裙成衣规格见表4-2。

表4-2　高腰礼服裙成衣规格

号型	裙长	胸围	腰围	臀围	肩宽
160/84A	136	88	72	94	32

3. 结构设计

高腰礼服裙结构图及纸样拆分图如图4-42、图4-43所示。

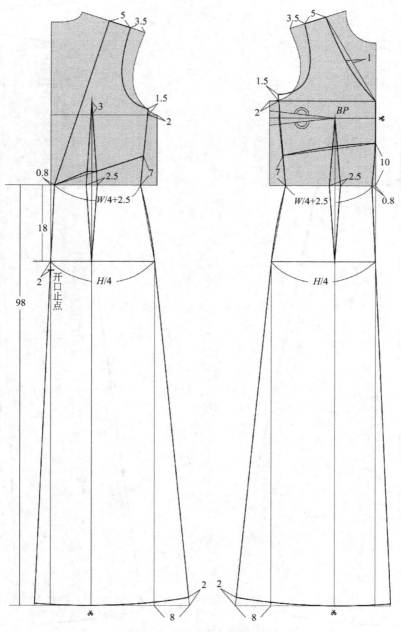

图4-42　高腰礼服裙结构图

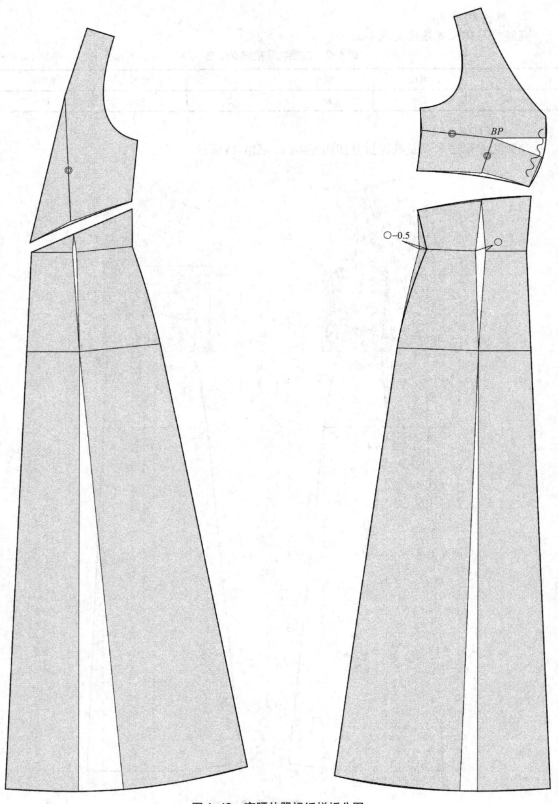

图 4-43　高腰礼服裙纸样拆分图

二、中式立领小礼服

1. 款式特点

裙身采用刀背缝分割的八片身结构，裙长至膝盖，腰部收腰，下摆略放出，整体较合身。中式立领，无袖，领口、袖口采用传统滚边工艺，后身中缝处装拉链，方便穿着，是既庄重又不失活泼俏丽的样式。中式立领小礼服款式图如图4-44所示。

2. 成衣规格

中式立领小礼服成衣规格见表4-3。

表4-3　中式立领小礼服成衣规格　　　　　　　　　　　　　单位：cm

号型	裙长	胸围	腰围	臀围	肩宽
160/84A	88	92	74	96	37.5

3. 结构设计

中式立领小礼服结构图如图4-45所示。

图4-44　中式立领小礼服款式图

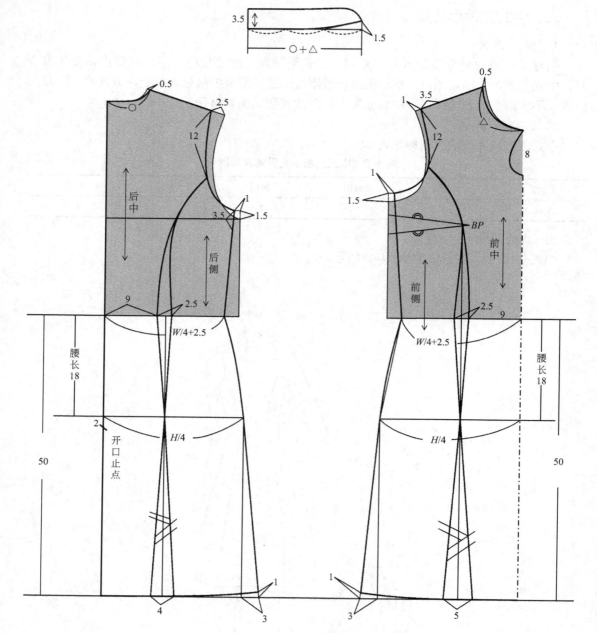

图4-45　中式立领小礼服结构图

三、V领宽摆连衣裙

1. 款式特点

裙身整体采用腰线分割的X造型，V字形领口，无袖，露背，胸部抽碎褶。裙摆采用双层360°圆裙结构，下摆不等长，错落有致，是此裙最大的特点，可以作为派对装。侧缝处装拉链，方便穿着。V领宽摆连衣裙款式图如图4-46所示。

2. 成衣规格

V领宽摆连衣裙成衣规格见表4-4。

表4-4　V领宽摆连衣裙成衣规格　　　　　　　　　　　单位：cm

号型	裙长	胸围	腰围
160/84A	98	88	70

3. 结构设计

V领宽摆连衣裙结构图及纸样拆分图如图4-47～图4-49所示。

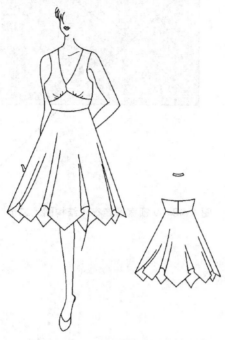

图4-46　V领宽摆连衣裙款式图

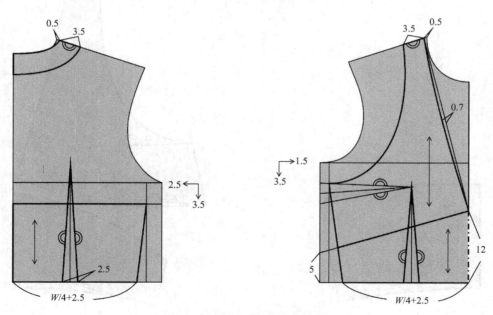

图4-47　V领宽摆连衣裙结构图（一）

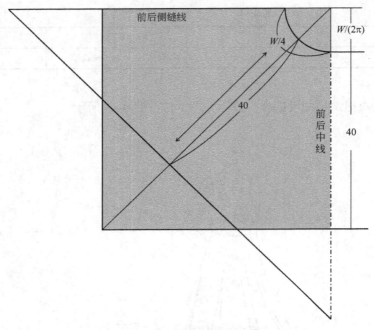

前后侧缝线

$W/4$

$W/(2\pi)$

40

前后中线

40

图4-48　V领宽摆连衣裙结构图（二）

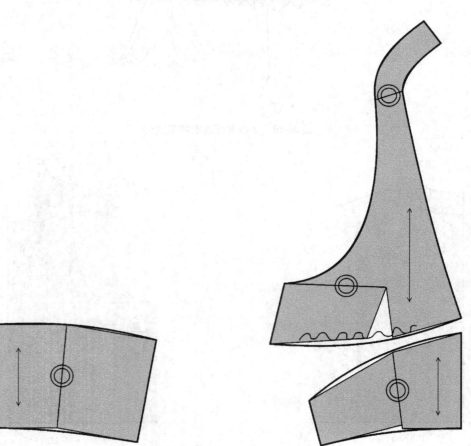

图4-49　V领宽摆连衣裙衣身纸样拆分图

四、立领长袖低腰连衣裙

1. 款式特点

裙身整体为X造型，刀背缝结构与低腰线相结合，裙摆展开，更加衬托出腰部的纤细。翻卷立领采用斜丝裁剪，带肘省的一片合体袖，袖口反折设计，后身中缝处装拉链，方便穿着。立领长袖低腰连衣裙款式图如图4-50所示。

2. 成衣规格

立领长袖低腰连衣裙成衣规格见表4-5。

表4-5 立领长袖低腰连衣裙成衣规格 单位：cm

号型	裙长	胸围	腰围	袖长	肩宽
160/84A	98	92	74	50.5	39

3. 结构设计

立领长袖低腰连衣裙结构图及纸样拆分图如图4-51～图4-54所示。

图4-50 立领长袖低腰连衣裙款式图

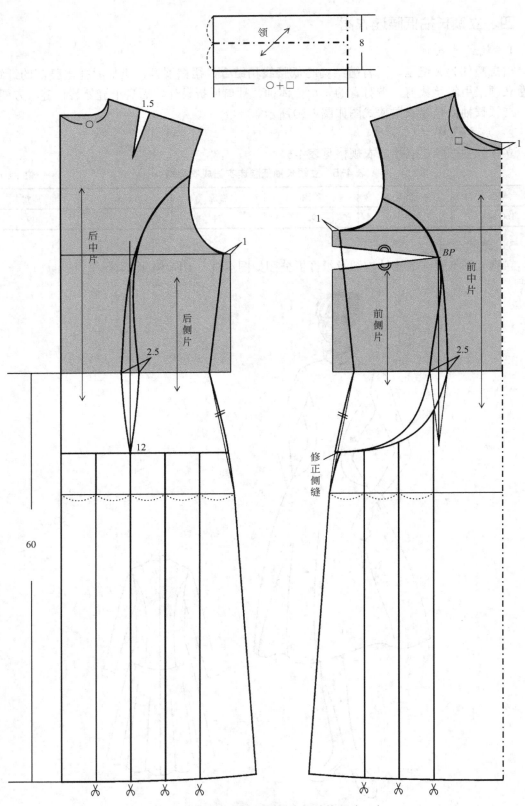

领

8

○+□

1.5

后中片

后侧片

1

2.5

12

60

前中片

前侧片

BP

1

1

2.5

修正侧缝

图4-51 立领长袖低腰连衣裙结构图（一）

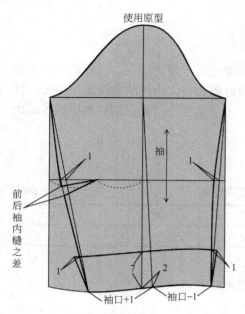

图4-52 立领长袖低腰连衣裙结构图（二）

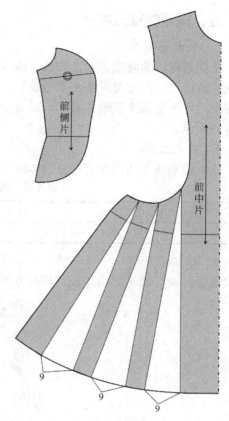

图4-53 立领长袖低腰连衣裙纸样拆分图（一）

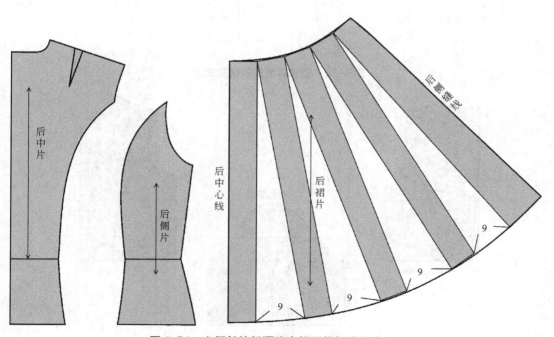

图4-54 立领长袖低腰连衣裙纸样拆分图（二）

五、圆领帽袖连衣裙

1. 款式特点

裙身采用标准腰线分割，衣身合体八片身结构，圆形领口，帽袖，领口、袖口可采用丝质配色滚边工艺，裙身采用A字形设计，选用悬垂性较好的面料，系丝质缎纹配色腰带，打蝴蝶结，可产生活泼飘逸的感觉。后身中缝处装拉链，方便穿着。圆领帽袖连衣裙款式图如图4-55所示。

2. 成衣规格

圆领帽袖连衣裙成衣规格见表4-6。

表4-6　圆领帽袖连衣裙成衣规格 单位：cm

号型	裙长	胸围	腰围	袖长	肩宽
160/84A	93.5	94	72	9	38

3. 结构设计

圆领帽袖连衣裙结构图及纸样拆分图如图4-56、图4-57所示。

图4-55　圆领帽袖连衣裙款式图

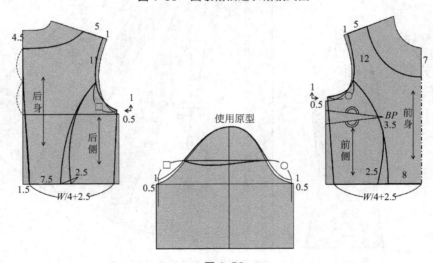

图4-56

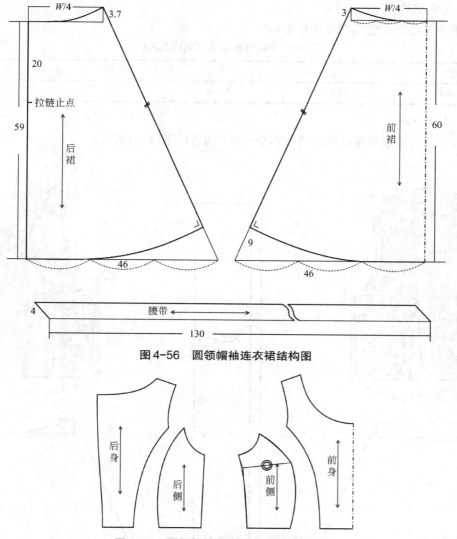

图 4-56　圆领帽袖连衣裙结构图

图 4-57　圆领帽袖连衣裙衣身纸样拆分图

六、荷叶领披肩连衣裙

1. 款式特点

　　裙身采用有腰线的合体四片身结构，荷叶披肩领，无袖，窄肩，整体呈X造型，十分活泼可爱。荷叶领披肩连衣裙款式图如图4-58所示。

图 4-58　荷叶领披肩连衣裙款式图

2. 成衣规格

荷叶领披肩连衣裙成衣规格见表4-7。

表4-7　荷叶领披肩连衣裙成衣规格

单位：cm

号型	裙长	胸围	腰围	肩宽
160/84A	92.8	94	74	35.4

3. 结构设计

荷叶领披肩连衣裙结构图及纸样拆分图如图4-59、图4-60所示。

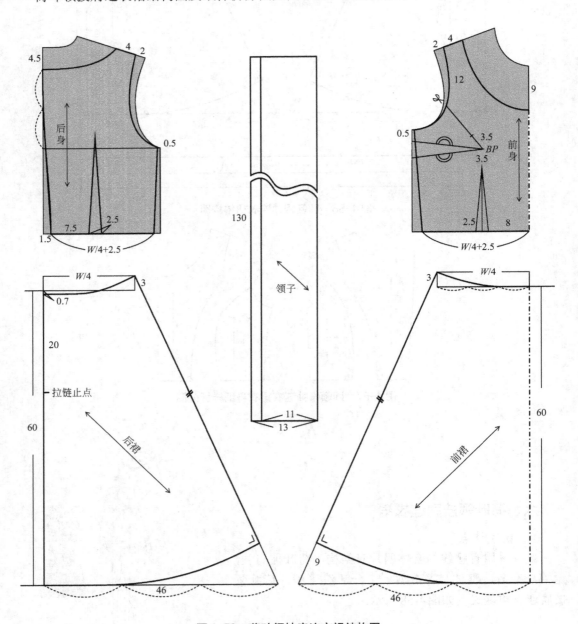

图4-59　荷叶领披肩连衣裙结构图

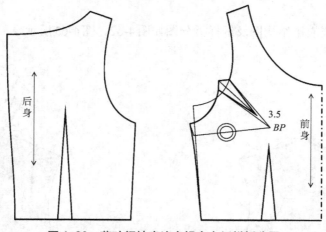

后身

前身

3.5
BP

图4-60　荷叶领披肩连衣裙衣身纸样拆分图

七、小翻领公主线连衣裙

1. 款式特点

裙身采用无腰线的合体八片身结构，小翻领，前开门，单排扣，侧缝处设有开衩，无袖，窄肩，简洁大方。小翻领公主线连衣裙如图4-61所示。

图4-61　小翻领公主线连衣裙款式图

2. 成衣规格

小翻领公主线连衣裙成衣规格见表4-8。

表4-8　小翻领公主线连衣裙成衣规格　　　　　　　　单位：cm

号型	裙长	胸围	腰围	臀围	肩宽
160/84A	113	92	74	96	27.4

3. 结构设计

小翻领公主线连衣裙结构图及纸样拆分图如图4-62、图4-63所示。

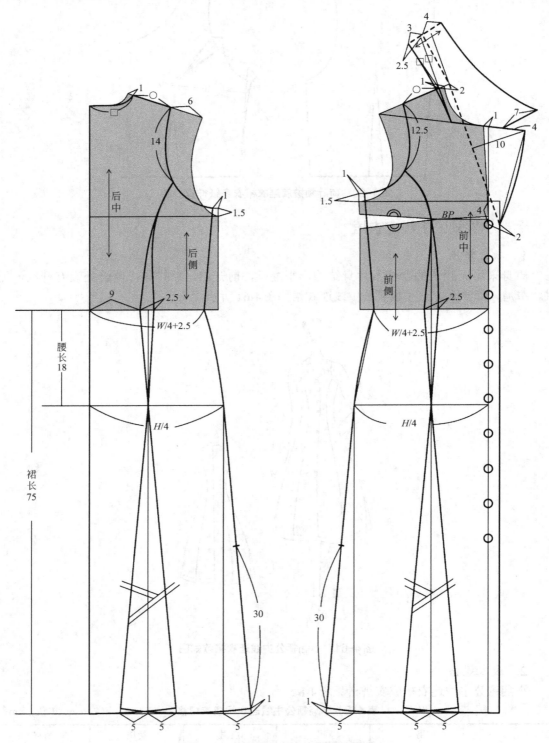

图4-62　小翻领公主线连衣裙结构图

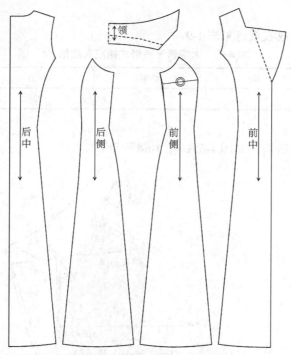

图4-63　小翻领公主线连衣裙纸样拆分图

八、大翻领无袖塔式裙

1. 款式特点

裙身采用标准腰位线、三层塔裙结构，大翻领、宽驳头，无袖，窄肩，腰部收紧，穿着时束宽腰带，与宽大的裙摆共同衬托出腰部的纤细，彰显女性的青春靓丽。大翻领无袖塔式裙款式图如图4-64所示。

图4-64　大翻领无袖塔式裙款式图

2. 成衣规格

大翻领无袖塔式裙成衣规格见表4-9。

表4-9 大翻领无袖塔式裙成衣规格 单位：cm

号型	裙长	胸围	腰围	肩宽
160/84A	98	92	72	27.4

3. 结构设计

大翻领无袖塔式裙结构图如图4-65、图4-66所示。

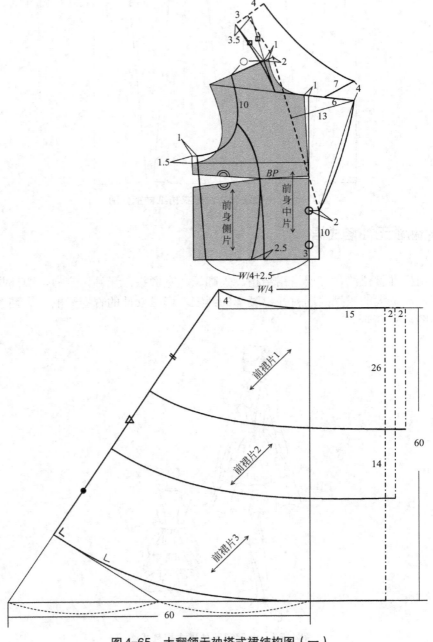

图4-65 大翻领无袖塔式裙结构图（一）

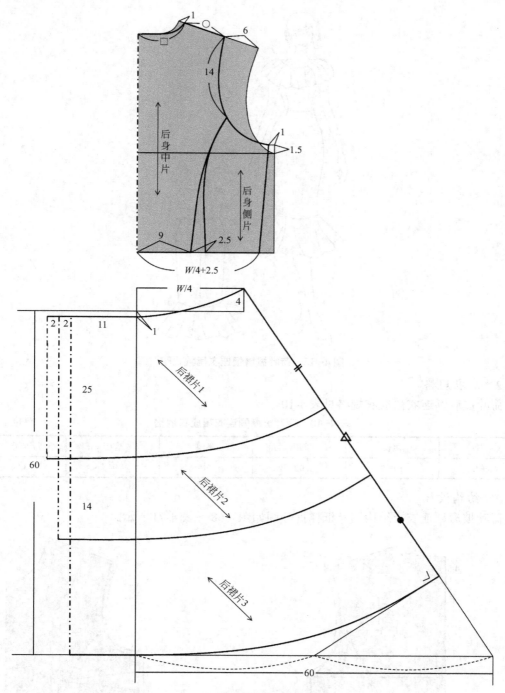

图4-66 大翻领无袖塔式裙结构图（二）

九、荷叶披肩领连衣裙

1. 款式特点

上身采用公主线的合体结构，荷叶披肩领，裙摆呈喇叭形，既可方便活动，又可与荷叶领上下呼应，是大方而且端庄的派对装扮。荷叶披肩领连衣裙款式图如图4-67所示。

图4-67　荷叶披肩领连衣裙款式图

2. 成衣规格

荷叶披肩领连衣裙成衣规格见表4-10。

表4-10　荷叶披肩领连衣裙成衣规格　　　　　　　　　　单位：cm

号型	裙长	胸围	腰围	臀围	肩宽
160/84A	108.5	92	70	94	37.4

3. 结构设计

荷叶披肩领连衣裙结构图及纸样拆分图如图4-68～图4-71所示。

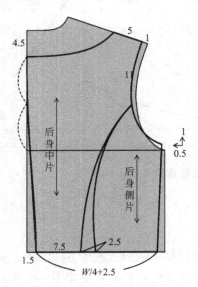

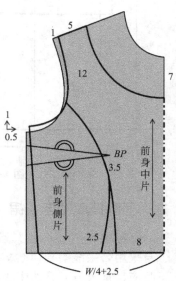

图4-68

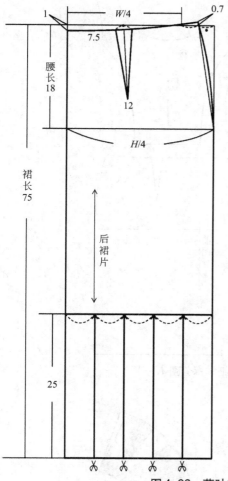
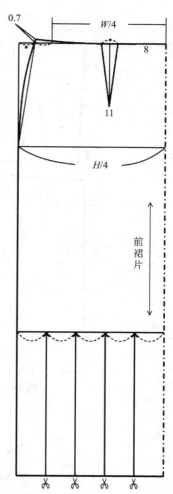

图4-68 荷叶披肩领连衣裙结构图（一）

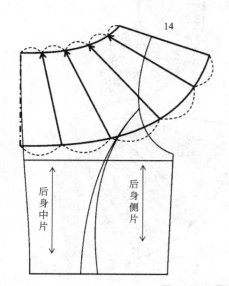
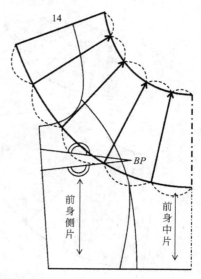

图4-69 荷叶披肩领连衣裙结构图（二）

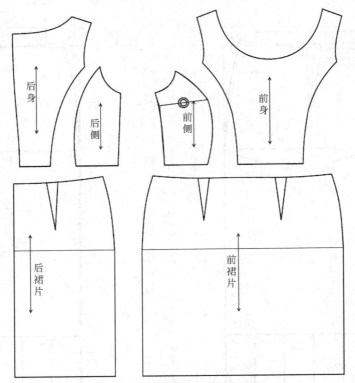

图 4-70　荷叶披肩领连衣裙纸样拆分图（一）

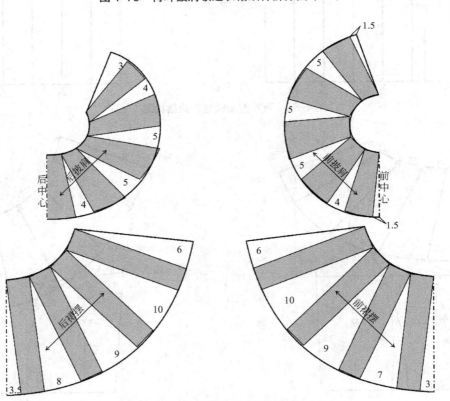

图 4-71　荷叶披肩领连衣裙纸样拆分图（二）

十、圆领插肩袖连衣裙

1. 款式特点

裙身采用四片身结构，圆领口，插肩袖，领口、袖口抽碎褶后滚边，裙摆大荷叶边的设计既方便活动，又带给人活泼俏皮和一丝夏季的清凉飘逸感。圆领插肩袖连衣裙款式图如图4-72所示。

2. 成衣规格

圆领插肩袖连衣裙成衣规格见表4-11。

图4-72 圆领插肩袖连衣裙款式图

表4-11 圆领插肩袖连衣裙成衣规格

单位：cm

号型	裙长	胸围	腰围	袖长
160/84A	93.5	94	72	14

3. 结构设计

圆领插肩袖连衣裙结构图及纸样拆分图如图4-73、图4-74所示。

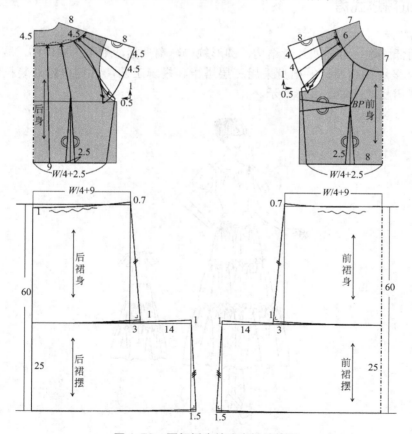

图4-73 圆领插肩袖连衣裙结构图

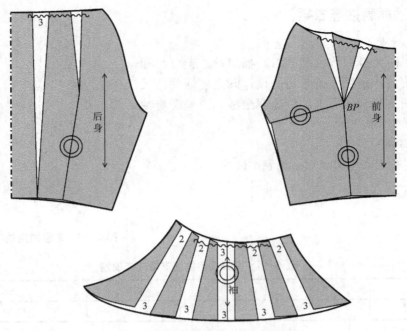

图 4-74　圆领插肩袖连衣裙纸样拆分图

十一、低腰塔式裙

1．款式特点

裙身采用低腰线、合体四片身结构，圆形领口，喇叭袖，袖山头抽碎褶，胸省转移至领口部位，并且采用抽褶设计，裙身采用三层塔裙、搭缝工艺，后身中缝处装拉链，方便穿着。低腰塔式裙款式图如图4-75所示。

图 4-75　低腰塔式裙款式图

2. 成衣规格

低腰塔式裙成衣规格见表4-12。

表4-12 低腰塔式裙成衣规格   单位：cm

号型	裙长	胸围	腰围	袖长	肩宽
160/84A	120.5	92	80	23.5	38

3. 结构设计

低腰塔式裙结构图及纸样拆分图如图4-76～图4-78所示。

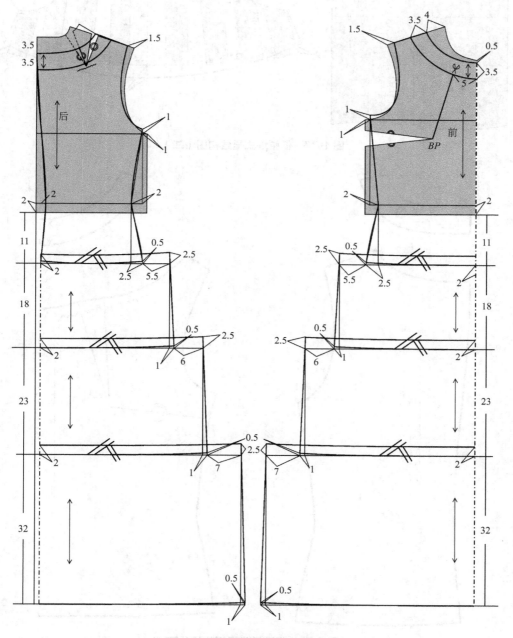

图4-76 低腰塔式裙结构图（一）

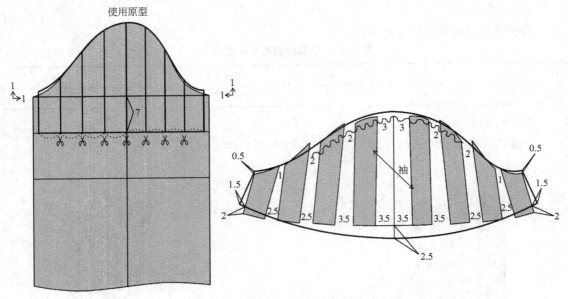

图4-77　低腰塔式裙结构图（二）

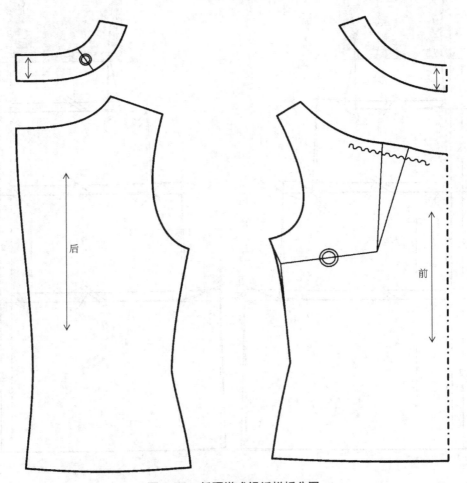

图4-78　低腰塔式裙纸样拆分图

十二、圆领披肩袖连衣裙

1. 款式特点

上身采用公主线的合体结构，圆领，披肩袖抽碎褶后夹缝于上身的公主线分割缝中，窄肩，裙身腰部抽碎褶，系扎丝织腰带，下摆宽松飘逸，是柔美型淑女的典型装扮。圆领披肩袖连衣裙款式图如图4-79所示。

图4-79　圆领披肩袖连衣裙款式图

2. 成衣规格

圆领披肩袖连衣裙成衣规格见表4-13。

表4-13　圆领披肩袖连衣裙成衣规格　　　　　　　　　　　单位：cm

号型	裙长	胸围	腰围	肩宽	袖长
160/84A	98	94	70	31.4	15

3. 结构设计

圆领披肩袖连衣裙结构图及纸样拆分图如图4-80、图4-81所示。

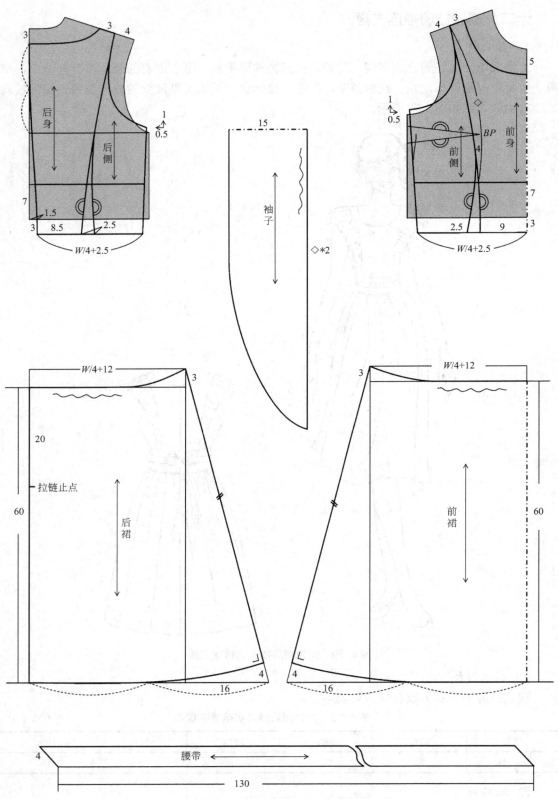

后身

后侧

前身

前侧

BP

袖子

◇*2

15

W/4+2.5

1
0.5

1
0.5

3

3

3

4

4

3

3

5

7

7

1.5

3

8.5

2.5

2.5

9

3

W/4+2.5

W/4+12

W/4+12

后裙

前裙

拉链止点

20

60

60

3

3

4

4

16

16

腰带

4

130

图4-80　圆领披肩袖连衣裙结构图

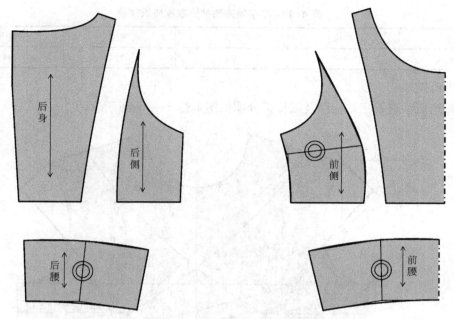

图4-81　圆领披肩袖连衣裙纸样拆分图

十三、V字领连肩袖连衣裙

1. 款式特点

裙身采用合体六片身结构，前身高腰线，后身无腰线，V字形领口，连肩袖，胸部采用褶皱设计，前裙摆处设有开衩，方便活动。V字领连肩袖连衣裙款式图如图4-82所示。

图4-82　V字领连肩袖连衣裙款式图

2. 成衣规格

V字领连肩袖连衣裙成衣规格见表4-14。

表4-14　V字领连肩袖连衣裙成衣规格　　　　　　　　　单位：cm

号型	裙长	胸围	腰围	臀围
160/84A	85	92	72	94

3. 结构设计

V字领连肩袖连衣裙结构图及纸样拆分图如图4-83～图4-86所示。

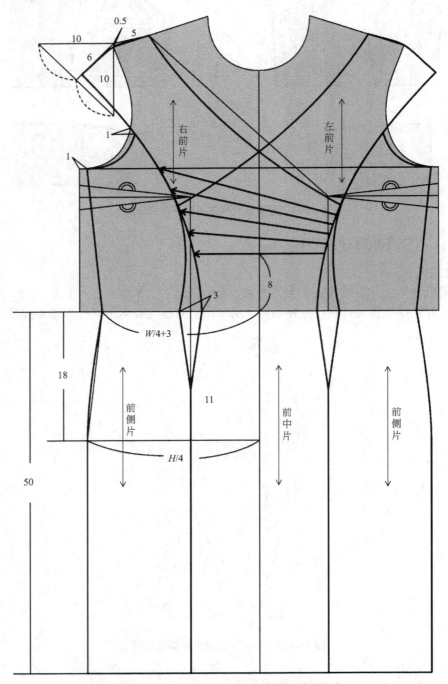

图4-83　V字领连肩袖连衣裙结构图（一）

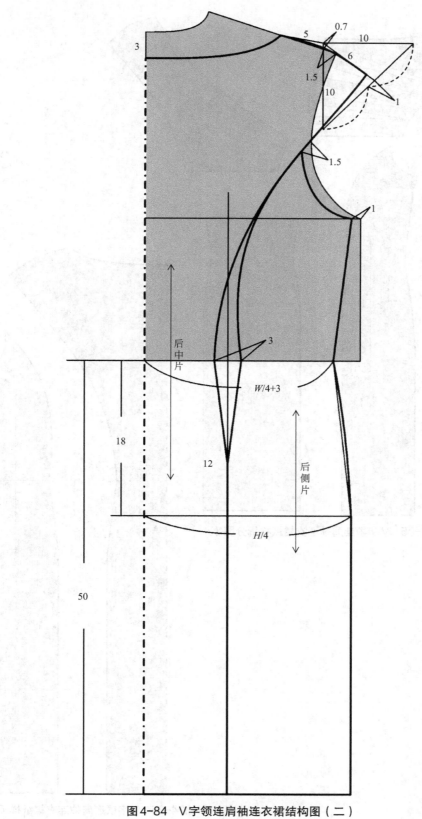

图4-84 V字领连肩袖连衣裙结构图（二）

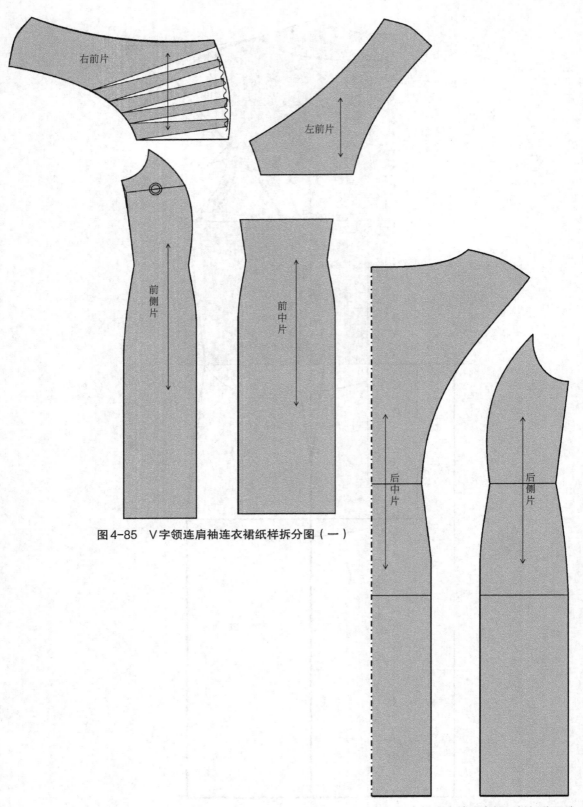

右前片

左前片

前侧片

前中片

图4-85　V字领连肩袖连衣裙纸样拆分图（一）

后中片

后侧片

图4-86　V字领连肩袖连衣裙纸样拆分图（二）

十四、露肩吊带连衣裙

1. 款式特点

此款连衣裙采用插肩袖结构设计，露肩吊带领，袖山头展开后和袖口均用松紧带抽碎褶。腰部采用合体的腰封设计，与肩部和裙子的抽褶设计形成对比，凸显女性的热情和妩媚（图4-87）。

图4-87　露肩吊带连衣裙款式图

2. 成衣规格

露肩吊带连衣裙成衣规格见表4-15。

表4-15　露肩吊带连衣裙成衣规格　　　　　　　　单位：cm

号型	裙长	胸围	腰围	袖长
160/84A	101.5	88	72	10

3. 结构设计

露肩吊带连衣裙结构图及纸样拆分图如图4-88～图4-91所示。

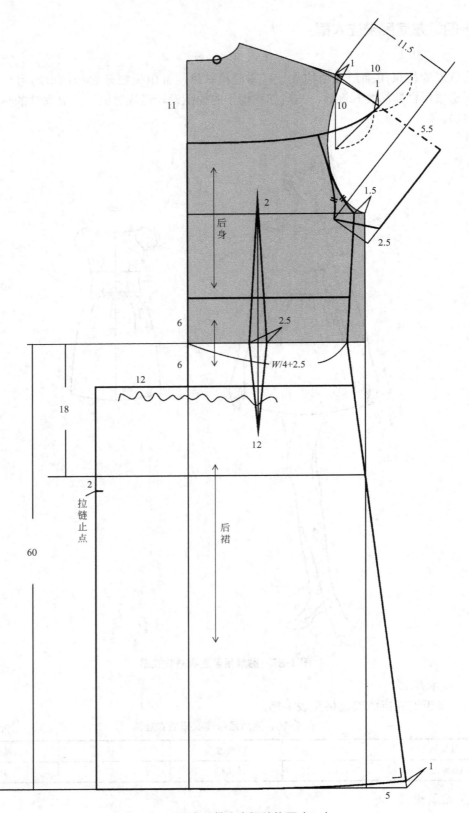

图4-88 露肩吊带连衣裙结构图（一）

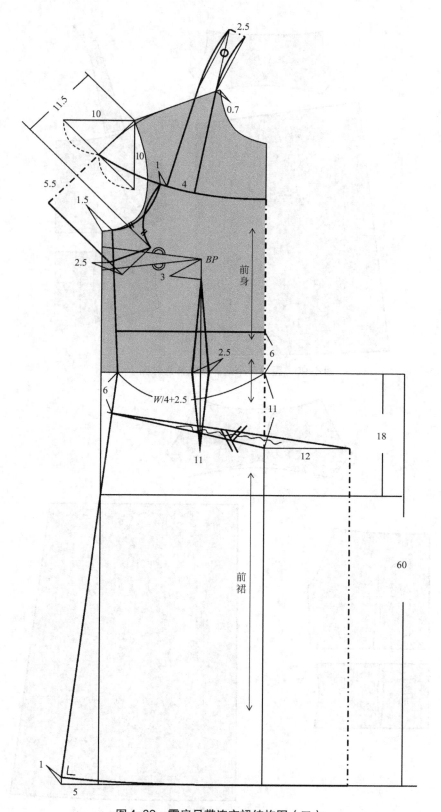

图4-89　露肩吊带连衣裙结构图（二）

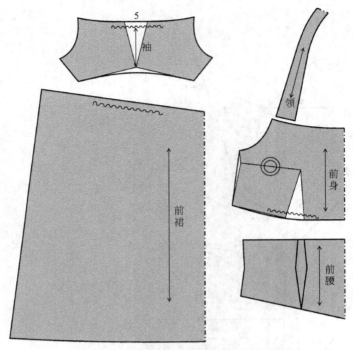

图4-90 露肩吊带连衣裙纸样拆分图（一）

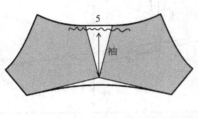

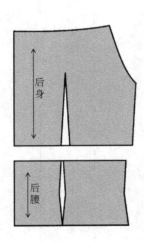

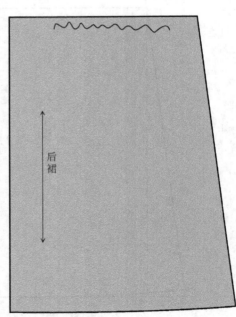

图4-91 露肩吊带连衣裙纸样拆分图（二）

第五章 服装排料与用料

第一节 排料的技术要求和基本方法

排料是指根据生产的需要，用已经确定的成套样板，按一定的号型搭配和技术标准的各项规定，进行组合套排或单排画样的过程。排料的正确、合理与否直接影响产品质量的好坏以及用料、消耗、成本等一系列问题，因此，排料前必须对产品的设计要求和制作工艺了解清楚，对使用的材料性能特点有所认识；排料中必须根据设计要求和制作工艺决定每片样板的排列位置，也就是决定材料的使用方法，合理利用排板的各种工艺技巧，按照制单中生产数量的要求，合理搭配进行套排的号型规格和件数，最大限度地节约用料，降低生产成本。

一、排料的技术要求和基本方法

排料画样总的技术要求可以概括为：部件齐全，排列紧凑，丝缕正确，减少空隙，两端齐口，保证质量，节约布料。

1. 经纬纱向规定

排料画样要按国家标准有关经纬纱向规定或板型的具体要求排画，因为它直接影响服装产品的缝制质量好坏和穿着后的外观悬垂效果。

2. 对条对格规定

在排料画样时还应注意条格面料的对条对格规定。

（1）对条　条形料一般有竖条和横条两种，画样时应注意左右对称，横竖条对准。如横向、竖向或斜向的条形对位，裙子前后中缝左右呈人字形的斜向对条，明贴袋、袋盖与衣身的对条，横领面左右的对称及领中与后中线的对条，挂面的拼接对条，袖子左右的对条等，均应按规定排画。

（2）对格　对格是横竖方面都要求要相对。如横缝、斜缝上下格子要相对，左右门襟、背缝、前后身摆缝、领中与背缝、袖子与前胸、明贴袋、袋盖与衣身等，都要求要对格。

连衣裙对条对格规定见表5-1。

表5-1　连衣裙对条对格规定　　　　　　　　　　　　　　　　　　　　　　单位：cm

部位名称	对条对格规定	备注
左右前身	条料顺直、格料对横，互差不大于0.3	遇格子大小不一致，以1/3上部为主
左右领尖	条格对称，互差不大于0.3	以明显条为主
后过肩	条格顺直，两头对比互差不大于0.4	以明显条为主
袖头	条料对称，互差不大于0.3	以明显条为主
袖子	条料顺直，以袖山为准，两袖对称，互差不大于0.8	3cm以下格料不对横，1.5cm以下不对条
裙缝	条料顺直，格料对横，互差不大于0.3	
袖与前身	格料袖与前身格料对横，互差不大于0.5	3cm以下格料不对横

（3）对条对格方法　常用对条对格方法主要有如下两种：批量生产时，铺料时将条格上下对准，遇有鸳鸯格或倒顺格时要顺向铺料，然后在画样时对好条格部位画准确；高档服装的单件裁剪时，将需要对条对格的一片画好，另一片先裁成毛坯，再将两片对准，吻合修剪。

此外，还应注意画样时尽量使需对条对格的部件画在同一纬度线上，可避免原料因纬斜或条格疏密不均匀而影响对条对格的质量。

3．倒顺毛规定

排料时还应注意原料的倒顺毛或有无倒顺光的情况。倒顺毛是指织物表面绒毛有方向性的倒伏。倒顺光是指有些织物表面虽不是绒毛状的，但由于后整理时轧光等关系，出现有倒顺光的现象，即织物倒顺两个方向的光泽不同，会产生色差的感觉。

对于倒顺毛，标准中规定为全身顺向一致（长毛原料全身向下，顺向一致）。因此根据标准的规定原则，可将此类织物在排料画样时分为以下两种方法排画。

（1）顺毛排料　对于绒毛较长、倒伏较明显的衣料，如长毛绒、裘皮等，必须顺毛排料，毛峰向下一致，光洁、顺畅、美观。

（2）倒毛排料　对于绒毛较短，如灯芯绒、植绒等织物，往往倒毛方向色彩显得饱满、柔顺，因此，往往采用倒向排料，可避免反光现象，但必须是一件或一套衣服倒顺一致。

4．倒顺花色与对花图案规定

有些面料的花型图案，有一定的倒顺方向，如山水、人物等图案，或花型、颜色有深浅、疏密等情况，则应注意倒顺方向，应以主图案为主，全身向上一致。

有些面料的花型图案具有不可分割性，如大型的团花、龙凤、福禄寿等花型图案，为保持图案的完整性，在衣服的主要明显部位要对花。因此在排画时要根据图案的大小、主次、距离位置等计划好花型的组合，一般先安排好主图案在前胸与后背的上下、左右位置，再安排袖子、领子等部位对好花型，并且保持主要部位的花型完整。一般对花部位有两前襟、背缝、袖中缝、后领与背中、口袋与前身等。

具体要求如下。

① 有方向的花型图案不得颠倒，要按花型和文字方向，一律顺向排放。

② 花型中有顺有倒时，如其中有文字，应按文字方向顺向排放；如花型中无明显倒顺区别时，应按某一主体花纹、花型为主顺向排放；若花型中有倒有顺但无法分辨主要花型的方向时，则允许两件一倒一顺套排，但必须是同件方向统一。

③ 要求对花的部位，如前后身中线左右，尤其胸部左右、两袖与前身，对花要准，排

花高低误差不大于2cm，团花拼接误差不大于0.5cm。

④ 对花只要求对横而不要求对纵。

5. 色差规定

色差也是排料应注意的重要问题，织物在加工的过程中往往会出现不同程度的色差，在国家标准GB 250—1995《染色牢度褪色样卡》中，把色差由大到小共分五级，即一级色差最大最明显，五级色差最小而不明显。

色差在衣料中的表现为色泽的深浅、明暗或彩度的高低，即鲜艳程度等。一般出现在如下四个方面：一是同色号的料，匹与匹间有色差；二是同匹料的布边与布边或布边与布中间有色差；三是同匹料中前后段有色差；四是素色料的正反面有色差。

对有上述色差料的排画要求如下。

（1）匹与匹有色差　应尽可能分匹排放，在铺布时应注意不要混匹连铺。

（2）两边有色差　应将部件与零部件之间，需要互相结合的裁片，安排在靠匹一边的地方，使得缝合处色差减少。

（3）两端有色差　排放不宜拉得过长，特别是需要组合的裁片和部件，应尽可能排画在同一纬度线上。

对于连衣裙的色差规定：衣领与前身、衣袖与前身、袋与前身、左右前身部位，均不得超过四级，其余部分允许四级。

6. 拼接规定

服装的某些部位，在不影响美观和产品质量以及规格尺寸的情况下，根据国家标准规定允许拼接，在排料时巧妙安排，可节省用料。但应尽可能不拼接，有利于保证产品质量和减少缝制工作量。

允许拼接的部位如下。

（1）表面部位拼接

① 翻领领面　中档允许在后中线处拼接一道，高档不允许拼接。

② 衬衫袖子　允许拼接，不大于袖肥1/4。

（2）里拼接

① 挂面　允许在最上一粒扣位下方与最下一粒扣位上方之间拼接。

② 领里　允许在领中和肩缝两处拼接。

③ 袋盖里　允许在非尖角处拼接。

④ 过肩里　允许在背中线处拼接。

二、排料的工艺技巧

为了节省用料，在排料时要力求占用的经向布料长度越短越好，同时，合理安排小部件，减少空隙，即"经短求省，纬满在巧"。只有经过反复实践和摸索，寻找排料画样的规律，根据各种样板的边缘轮廓形态，找出不同样板的结构匹配的互补关系，分析总结出可以归类的规律特征。总之，排料关键要巧，有四句口诀可以概括为：

直对直，弯靠弯，斜边颠倒；先大片，后小块，排满布面；

遇双铺，无倒顺，不分左右；若单铺，要对称，正反分清。

"直对直，弯靠弯，斜边颠倒"，是指样板的边有直边和弯边时应直边对直边，弯边靠弯边，遇有斜边时则应相互颠倒排放，使板与板对接紧凑，边与边紧贴，两边并成一边，裁剪时可一刀而成，既省料，又省工，如图5-1所示。

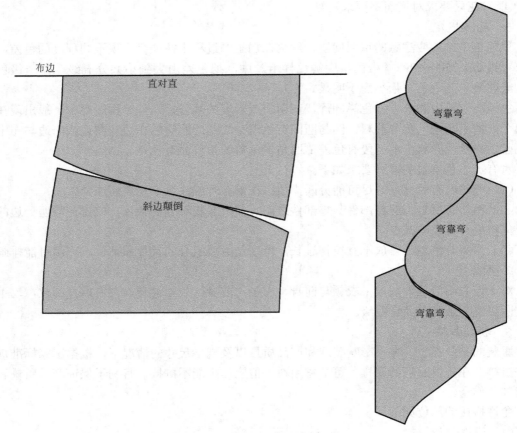

布边
直对直
斜边颠倒
弯靠弯
弯靠弯
弯靠弯

图5-1　直对直，弯靠弯，斜边颠倒

　　"先大片，后小块，排满布面"，是说排板的顺序是先将大片安排就绪，形成定局，然后再安排小块板，将小块板插空而置，排满整个布面，减少空隙，降低损耗，节省用料。

　　"遇双铺，无倒顺，不分左右；若单铺，要对称，正反分清"。这两句话都是说排板要与所采取的铺布方式相结合，切不可排板归排板、铺布归铺布互不配合的做法。铺布方式归纳起来有"双铺布"和"单铺布"两种，所谓双铺布就是每两层的正面相对，俗称"对脸铺"，这时，样板可不分倒顺（无倒顺要求时）、左右、正反，任意排放；若遇单铺，则应分清板的左右、正反，要考虑板的对称关系。

第二节　用料计算

一、服装面料的基本知识

（一）纺织面料的分类

1. 按不同的加工方法分类

　　（1）机（梭）织物（woven fabrics）　由相互垂直排列即横向和纵向两系统的纱线，在织机上根据一定的规律交织而成的织物。有牛仔布、织锦缎、板司呢、麻纱等。

（2）针织物（knitted fabrics）　由纱线编织成圈而形成的织物，分为纬编和经编。纬编针织物是将纬线由纬向喂入针织机的工作针上，使纱线有顺序地弯曲成圈，并且相互穿套而成；经编针织物是采用一组或几组平行排列的纱线，于经向喂入针织机的所有工作针上，同时进行成圈而成。

（3）非织造物（non-woven fabrics）　将松散的纤维经黏合或缝合而成。目前主要采用黏合和穿刺两种方法。用这种加工方法可大大简化工艺过程，降低成本，提高劳动生产率，具有广阔的发展前途。

（4）编结（织）物（braided fabrics）　两组或两组以上的线状物，相互错位、卡位或者交编形成的产品，如席类、筐类等竹、藤制品；或者是一根或多根纱线互相串套、扭辫、打结的编结产品。另外一类是由专用设备、多路进纱按照一定的空间交编串套规律编结成的三维结构的复杂产品。

（5）复合织物（compound fabrics）　由机织物、针织物、编结物、非织造织物或膜材中的两种或者两种以上的材料通过交编、针刺、水刺、黏结、缝合、铆合等方法形成的多层织物。

2．按构成织物的纱线原料分类

（1）纯纺织物　构成织物的原料都采用同一种纤维，有棉织物、毛织物、丝织物、涤纶织物等。

（2）混纺织物　构成织物的原料采用两种或两种以上不同种类的纤维，经混纺而成纱线所制成，有涤黏、涤腈、涤棉等混纺织物。

（3）混并织物　构成织物的原料采用两种纤维的单纱，经并合而成股线所制成，有低弹涤纶长丝和中长混并，也有涤纶短纤和低弹涤纶长丝混并而成股线等。

（4）交织织物　构成织物的两个方向系统的原料分别采用不同纤维纱线，有蚕丝和人造丝交织的古香缎。

3．按构成织物原料是否染色分类

（1）白坯织物　未经漂染的原料经过加工而成织物。

（2）色织物　将漂染后的原料或花式线经过加工而成织物。

（二）服装面料的常用概念

1．经向、经纱、经纱密度

经向是指面料长度方向；该向纱线称为经纱；其1in❶内纱线的排列根数为经密（经纱密度）。

2．纬向、纬纱、纬纱密度

纬向是指面料宽度方向；该向纱线称为纬纱；其1in内纱线的排列根数为纬密（纬纱密度）。

3．密度

密度用于表示梭织物单位长度内纱线的根数，一般为1in或10cm内纱线的根数，我国国家标准规定使用10cm内纱线的根数表示密度，但纺织企业仍习惯沿用1in内纱线的根数来表示密度。如通常见到的"45×45/108×58"表示经纱、纬纱分别为45支、45支，经纬密度为108、58。

4．幅宽

---

❶　1in＝0.0254m。

第五章　服装排料与用料　**133**

幅宽是指面料的有效宽度，一般习惯用 in 或 cm 表示，常见的有 36in、44in、56 ～ 60in 等，分别称为窄幅、中幅与宽幅，高于 60in 的面料称为特宽幅，一般常称为宽幅布，当今我国特宽面料的幅宽可以达到 360cm。幅宽一般标记在密度后面，如前面提到的面料如果加上幅宽则表示为 "45×45/108×58/60"，即幅宽为 60in。

5．克重

面料的克重一般为每平方米面料质量的克数，克重是针织面料的一个重要的技术指标，粗纺毛呢通常也把克重作为重要的技术指标。牛仔面料的克重一般用 "盎司（oz）" 来表达，即每平方码面料质量的盎司数，如 7oz❶、12oz 牛仔布等。

二、常用成衣规格尺寸表

常用的成衣规格尺寸表见表5-2 ～ 表5-5。

表5-2　合体长袖女衬衫规格系列表（5·4系列）　　　　　　单位：cm

部位 ＼ 号型	150/76A	155/80A	160/84A	165/88A	170/92A
衣长	58	60	62	64	66
胸围	86	90	94	98	102
肩宽	37.4	38.4	39.4	40.4	41.4
袖长	50	51.5	53	54.5	56
紧袖口	16.4	17.2	18	18.8	19.6
领大	34.6	35.4	36.2	37	37.8

表5-3　合体半袖女衬衫规格系列表（5·4系列）　　　　　　单位：cm

部位 ＼ 号型	150/76A	155/80A	160/84A	165/88A	170/92A
衣长	56	58	60	62	64
胸围	84	88	92	96	100
肩宽	37.4	38.4	39.4	40.4	41.4
袖长	16	17	18	19	20
领大	34.6	35.4	36.2	37	37.8

表5-4　宽松女衬衫规格系列表（5·4系列）　　　　　　单位：cm

部位 ＼ 号型		150/76A	155/80A	160/84A	165/88A	170/92A
衣长		68	70	72	74	76
胸围		96	100	104	108	112
肩宽		39	40	41	42	43
袖长	长袖	51	52.5	54	55.5	57
	短袖	18	19	20	21	22
紧袖口		19	20	21	22	23
领大		36	37	38	39	40

❶　1oz=1/16lb≈28.35g。

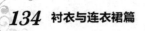

表5-5　关门领长袖连衣裙规格系列表（5·4系列）　　　　　单位：cm

部位 \ 号型	150/76A	155/80A	160/84A	165/88A	170/92A
裙长	92	95	98	101	104
胸围	86	90	94	98	102
背长	36	37	38	39	40
腰围	68	72	76	80	84
臀围	90.8	94.4	98	101.6	105.2
肩宽	37.4	38.4	39.4	40.4	41.4
袖长	50.5	51.5	53	54.5	56
袖头长/宽	19/5	19.5/5	20/5	20.5/5	21/5
领大	34.6	35.4	36.2	37	37.8

三、服装用料计算方法

服装用料核算是产品报价必不可少的前提，准确、快速地计算出服装耗料是好的业务员必须具备的专业素质，也可以提高业务员的工作效率和签约的成功率。同时，服装用料的多少将直接影响生产的成本、报价的多少以及订单的利润。

服装用料计算根据用途可以有多种方式：一种是估算用料，是指根据经验估算服装单件的大体用量，主要用于业务员接单时给出的报价；另一种是精确计算用料，主要用于服装大批量生产环节的成本控制。

（一）估算用料

估算用料时，既可以根据样衣尺寸估算用料的面积，也可以根据成衣规格估算用料的长度。例如，在外贸服装加工企业或公司，生产方依据客户提供的成品样衣估算服装的面料单耗量时，可以先估算出中间规格服装毛片的面积，把每片相加后得出一件服装总的平方厘米数，再除以面料门幅宽度，得出服装的单耗量，注意追加一定数量的额外损耗，这种方法又称"面积计算法"。服装单耗的面积计算法可以归总出一个常用公式：

服装单耗=[(上衣的身长+缝份和折边等)×(胸围+缝份)+
(袖长+缝份或袖口折边)×袖肥×2+服装部件面积]/面料幅宽

根据成衣规格估算用料的长度，是指根据订单中成品规格表中的中间号或大小号均码的长度规格尺寸，加上成品需用缝份量、折边量和回缩率等，依据排料经验，不同的幅宽采用不同的计算公式，计算出用料的方法，这种方法又称"长度计算法"。

服装用料的多少主要与服装的具体品种、规格尺寸和布料的幅宽有关，表5-6列出了衬衣和连衣裙的基础款式用料计算方法。需要注意的是，算料方法栏中列出的公式是为了便于记忆，简化了的，有关长度尺寸均是指裁片尺寸，即毛板尺寸（加放了缝份、折边和缩水率的尺寸），使用量是按照160/84A的规格样板实际进行单件排料得出的。

关于估算服装用料补充说明以下几点。

① 当布料有条格时要相应增加一倍半循环格子长度的用料，当布料花色有倒顺或有倒顺绒现象时，应在采用顺向排料的同时，会相应增加用料。

② 当遇到面料需要斜裁时，就不能按正常的面积计算法，这时面料损耗非常大，斜裁时按面积计算后，再增加30%左右用料。上衣如果有过肩等拼缝或口袋较多，都需酌情再多加一些用料。

表5-6　衬衣和连衣裙用料计算参考表　　　　　　　　　单位：cm

名称	品种 款式图	规格		幅宽	算料方法	使用量
长袖衬衫		衣长		90	衣长+袖长×2	168
		62				
		胸围				
		94				
		袖长		110	衣长×2	132
		53				
半袖衬衫		衣长		90	衣长×2	128
		60				
		胸围				
		92				
		袖长		110	衣长+袖长+领宽	98
		18				
长袖连衣裙		衣长				
		98				
		胸围				
		94		90	裙长×2+领宽	230
		袖长				
		53				
		摆围				
		112				
无袖连衣裙		衣长				
		90.5				
		胸围		144	衣长+20	110
		92				
		摆围				
		124				
短袖连衣裙		衣长				
		98				
		胸围				
		94		110	身长×2+裙长+袖长	170
		袖长				
		20				
		摆围				
		112				

（二）精确排料

　　精确排料的前提是依据确定的生产样板，也称"样板法"，又可分为单件排料和套排、人工排料和计算机排料。通常套排要比单件排料节省用料，单件排料主要用于单件定制，套排主要用于批量生产，应依据订单的不同号型的数量配比，合理安排套排号型和件数。计算机排料又可分为自动排料方式和人机交互排料方式，自动排料方式亦可用来估算用料，人机交互排料方式既可以大大提高工作效率，又可很好地提高面料利用率。

图5-2～图5-8是衬衣和连衣裙基础款式单件排料图，图5-9是半袖连衣裙基本款110cm幅宽160/84A、170/92A各一件套排的排料图。其中，图5-2是长袖基本款女衬衣90cm幅宽排料图，图5-3是长袖基本款女衬衣110cm幅宽排料图，图5-4是半袖基本款女衬衣90cm幅宽排料图，图5-5是半袖基本款女衬衣110cm幅宽排料图，图5-6是长袖连衣裙基本款90cm幅宽排料图，图5-7是无袖刀背缝分割连衣裙144cm幅宽双幅排料图，图5-8是半袖连衣裙基本款110cm幅宽排料图。

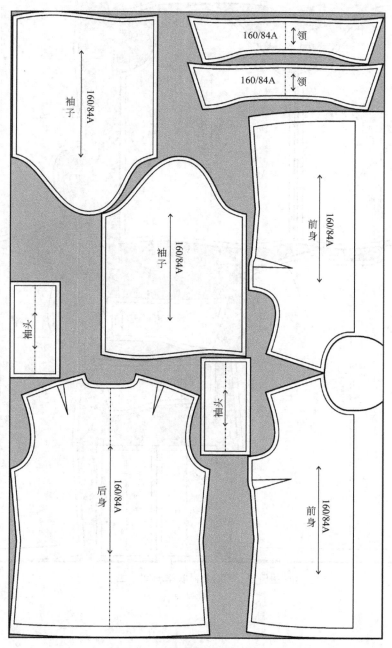

图5-2　长袖女衬衣排料图（一）

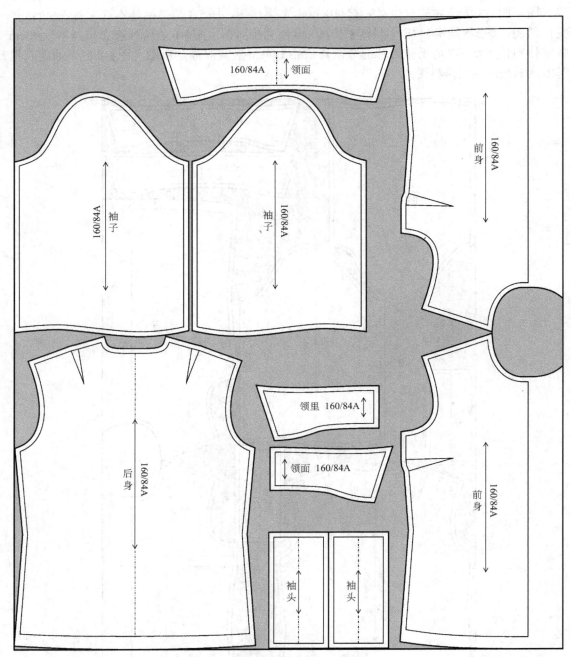

图5-3 长袖女衬衣排料图（二）

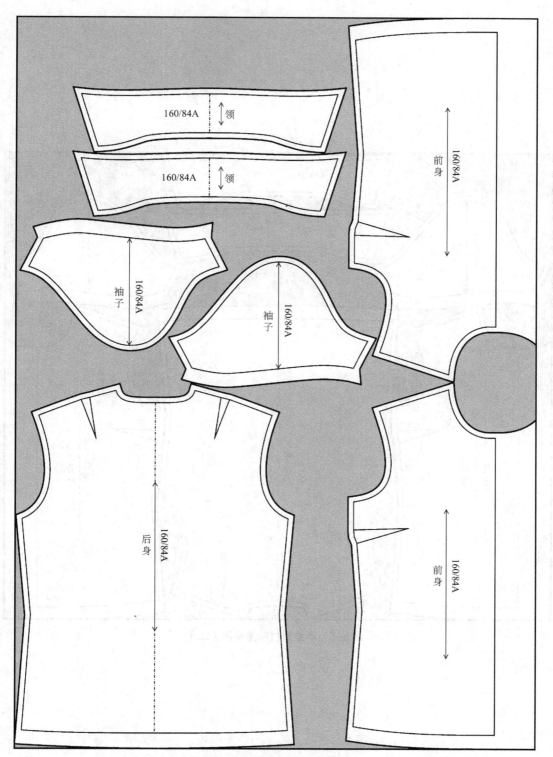

图5-4 半袖女衬衣排料图（一）

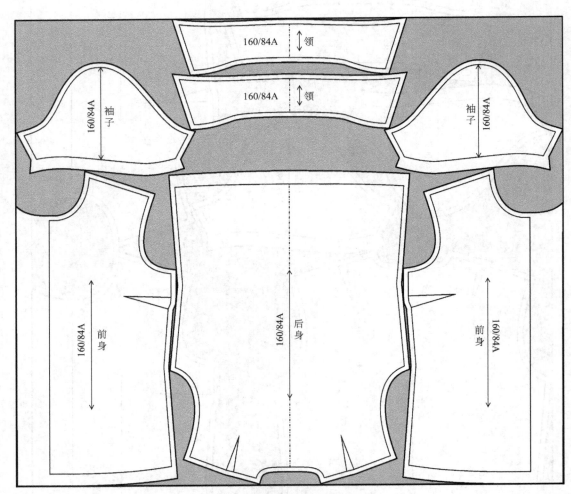

图5-5　半袖女衬衣排料图（二）

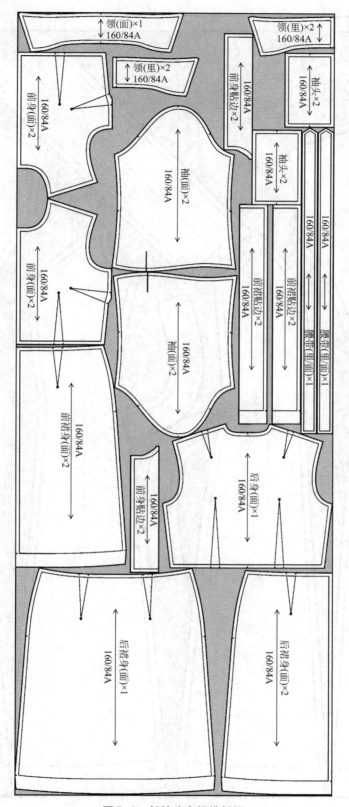

图5-6 长袖连衣裙排料图

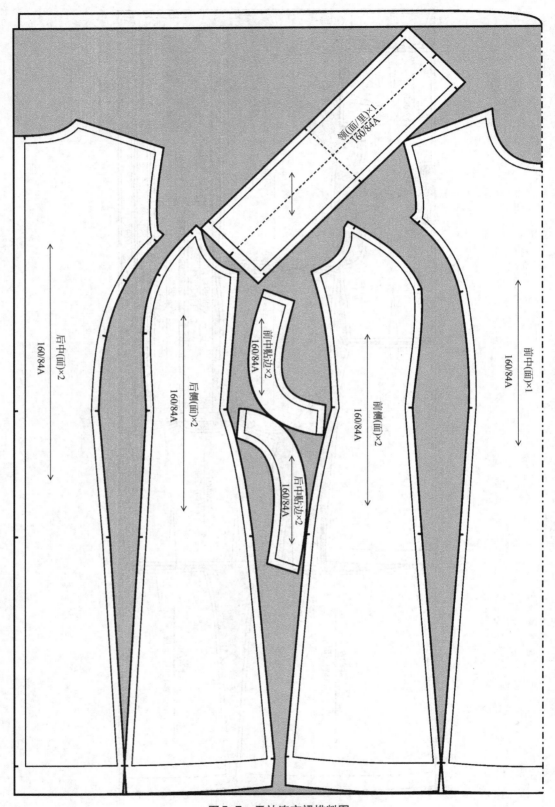

图 5-7　无袖连衣裙排料图

领(面/里)×1
160/84A

后中(面)×2
160/84A

后侧(面)×2
160/84A

前中贴边×2
160/84A

后中贴边×2
160/84A

前侧(面)×2
160/84A

前中(面)×1
160/84A

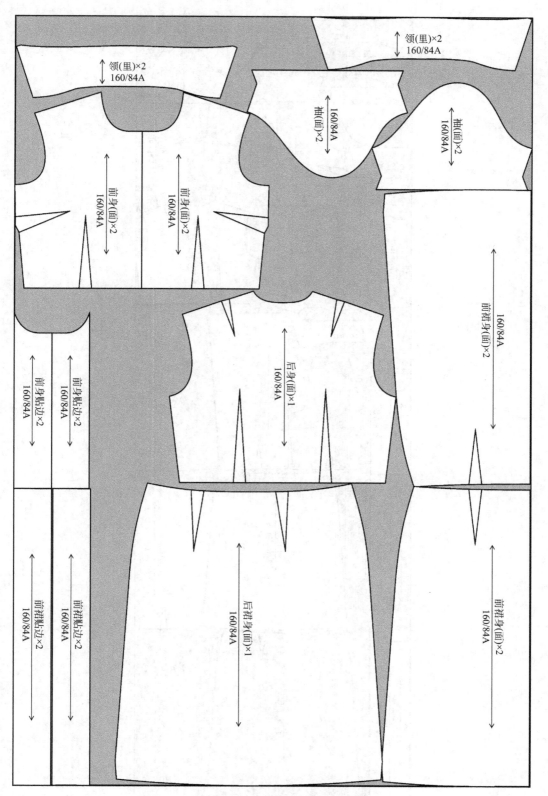

图5-8　半袖连衣裙排料图

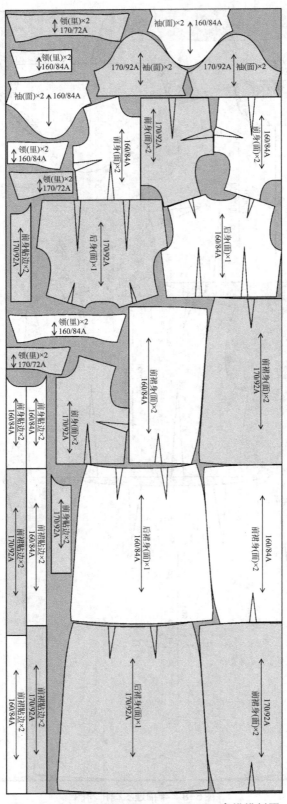

图5-9　半袖连衣裙160/84A、170/92A套排排料图

第六章　衬衣样衣制作

第一节　衬衣典型部位制作

一、有底领的衬衣领的缝制方法

（一）结构图

有底领的衬衣领的结构图如图6-1所示。

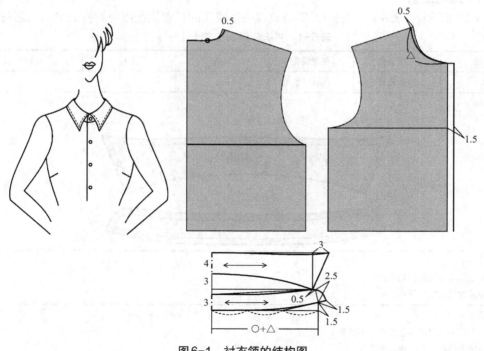

图6-1　衬衣领的结构图

（二）裁片

有底领的衬衣领的缝制需要的裁片有翻领面和里各一片，面料使用直丝布料；底领面和里各一片，面料使用直丝布料。各裁片缝份加放和剪口标记如图6-2所示。

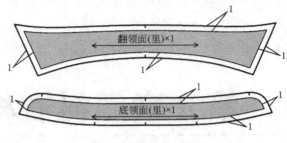

图6-2　衬衣领的裁片

（三）辅料

缝制带底领的衬衣领需要的辅料有领衬和同色缝纫线。领衬有翻领衬和底领衬各一片，图6-3是使用树脂衬时缝份的加放方法，若使用无纺粘合衬时，裁剪方法同面料一致，如图6-2所示。

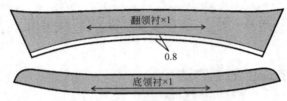

图6-3　衬衣领领衬的裁剪方法

（四）缝制工艺

以下按工序卡（表6-1～表6-5）的形式说明带底领的衬衣领使用树脂衬的缝制工艺与要求。

表6-1　衬衣领缝制工艺卡（一）

工序序号	工序名称	使用设备	线迹	线迹密度	缝型图示
1	领片粘衬	黏合机			

操作图示：

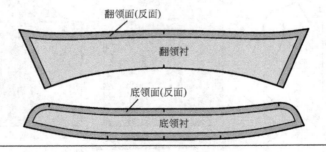

操作说明：

1. 翻领面的反面粘树脂粘合衬；

2. 底领面的反面粘树脂粘合衬

质量要求：

1. 领衬与面料的位置放置准确，不偏移；

2. 熨烫压力均匀，不起鼓，不渗胶

表6-2 衬衣领缝制工艺卡（二）

工序序号	工序名称	使用设备	线迹	线迹密度	缝型图示
2	勾缝翻领	平缝机	301	9针/2cm	
3	修剪缝份	剪刀			
4	翻烫翻领	熨斗/翻领机/手工			
5	辑翻领明线	平缝机	301	9针/2cm	
6	修剪缝份	剪刀			

操作图示：

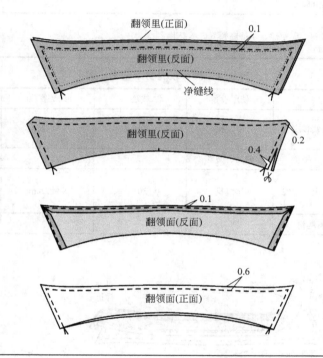

操作说明：

1. 将粘好衬的翻领面和里正面相对，沿领子净线外侧0.1cm勾缝翻领；

2. 修剪缝份至0.4cm，领尖处缝份修剪至0.2cm；

3. 将缝份扣烫至翻领面一侧，烫痕由缝线里进0.1cm；

4. 翻出正面后，辑翻领明线；

5. 按照净缝线，修剪翻领底口缝份至0.8cm

质量要求：

1. 缝合时，拉紧翻领里，翻领面略松，使其产生"里外容"；

2. 领角部位有"里外容"窝势，左右对称；

3. 翻领里不能倒吐止口，明线宽度0.6cm，辑线顺直，宽窄一致

表6-3　衬衣领缝制工艺卡（三）

工序序号	工序名称	使用设备	线迹	线迹密度	缝型图示
7	扣烫底领下口缝份	熨斗			
8	辑底领面下口明线	平缝机	301	9针/2cm	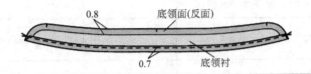
9	修剪缝份	剪刀			

操作图示：

底领面(反面)
0.8
底领衬
0.7

操作说明：
1. 扣烫底领下口缝份；
2. 辑底领下口明线；
3. 修剪底领面上口缝份至0.8cm

质量要求：
1. 底领面下口要包紧底领衬，无空隙，保持底领下口不变形；
2. 底领下口明线宽度0.7cm，辑线顺直，宽窄一致

表6-4　衬衣领缝制工艺卡（四）

工序序号	工序名称	使用设备	线迹	线迹密度	缝型图示
10	缝合翻领和底领	平缝机	301	9针/2cm	
11	修剪、扣烫	剪刀、熨斗			
12	辑底领上口明线	平缝机	301	9针/2cm	
13	修剪缝份	剪刀			

操作图示：

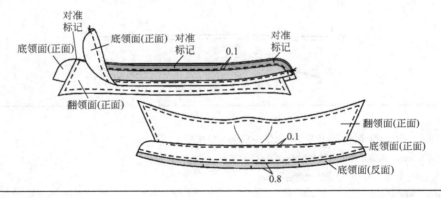

对准标记
底领面(正面)
底领面(正面)　对准标记
对准标记
0.1
翻领面(正面)
翻领面(正面)
底领面(正面)
0.1
底领面(反面)
0.8

操作说明：
1. 将底领面与里正面相对，面层在上，中间放入翻领，并且翻领面向上，沿底领净样线外侧0.1cm辑线；
2. 修剪底领圆角缝份至0.3cm，翻烫领子；
3. 辑底领上口明线；
4. 修剪底领下口缝份至0.8cm，并且做好对位标记

质量要求：
1. 翻领与底领的标记要对位准确，辑线顺直，缝份宽窄一致；
2. 底领圆角辑线圆顺，左右对称；
3. 底领上口明线宽度0.1cm，两端距翻领边2.5cm

表6-5　衬衣领缝制工艺卡（五）

工序序号	工序名称	使用设备	线迹	线迹密度	缝型图示
14	绱领子	平缝机、熨斗	301	9针/2cm	

操作图示：

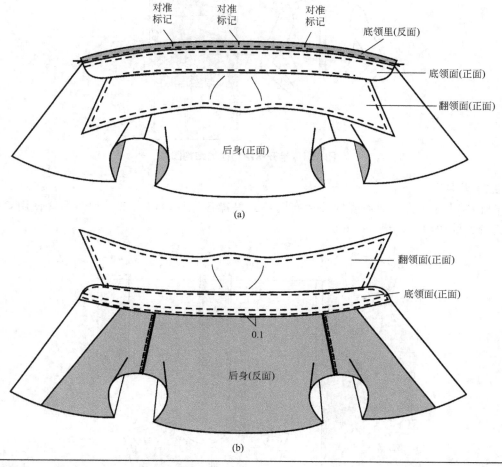

(a)

(b)

操作说明：

1. 将底领里与衣身正面相对，衣领在上，对齐底领下口缝份与衣身缝份辑缝；

2. 将绱领缝份放入底领中，缉缝底领下口明线

质量要求：

1. 绱领时后中标记和肩缝标记分别要对准，保证领子左右对称；

2. 底领要平服，下口明线宽度0.1cm，盖住绱领线，并且与底领上口明线重合1cm，辑线顺直，宽窄一致

二、半开襟明门襟的缝制方法

半开襟明门襟是女衬衣经常采用的门襟形式，重点是门襟长度的变化和门襟与前衣身的组合方式的变化。依据设计门襟可长可短，但需考虑穿着方便等功能性，也可以采用配色设计或利用面料的斜丝方向，产生不同的变化效果，给人轻松、休闲的着装感觉。

（一）结构图

半开襟明门襟的结构图如图6-4所示。

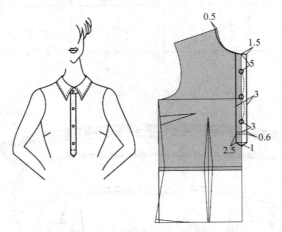

图6-4 半开襟明门襟的结构图

（二）裁片

半开襟明门襟的缝制需要的裁片有门襟、里襟各一片，前衣身一片。面料使用直丝布料，缝份加放和剪口标记如图6-5所示。

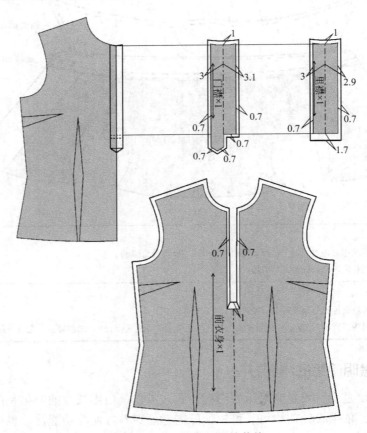

图6-5 半开襟明门襟的裁片

（三）辅料

缝制半开襟明门襟需要的辅料有无纺粘合衬和同色缝纫线。需要粘合衬的部位为门襟和里襟，无纺粘合衬的裁剪方法同其面料的裁剪方法。

（四）缝制工艺

以下按工序卡（表6-6～表6-10）的形式说明半开襟明门襟的缝制工艺与要求。

表6-6　半开襟明门襟的缝制工艺卡（一）

工序序号	工序名称	使用设备	线迹	线迹密度	缝型图示
1	门、里襟粘衬	黏合机			

操作图示：

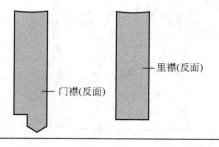

操作说明：

门、里襟的反面均粘贴粘合衬

质量要求：

1.门、里襟的面料与衬的位置放置准确，不偏移；

2.熨烫压力均匀，不起鼓，不渗胶

表6-7　半开襟明门襟的缝制工艺卡（二）

工序序号	工序名称	使用设备	线迹	线迹密度	缝型图示
2	扣烫门、里襟	熨斗			

操作图示：

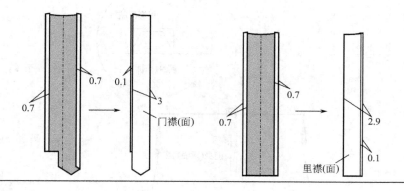

操作说明：

1.门襟分别先按0.7cm缝份熨烫，再对折扣烫；

2.里襟分别先按0.7cm缝份熨烫，再对折扣烫

质量要求：

1.扣烫门襟面的宽度为3cm，里襟面的宽度为2.9cm；

2.门、里襟的底比面均需宽出0.1cm

表6-8 半开襟明门襟的缝制工艺卡（三）

工序序号	工序名称	使用设备	线迹	线迹密度	缝型图示
3	绱里襟	平缝机	301	9针/2cm	

操作图示：

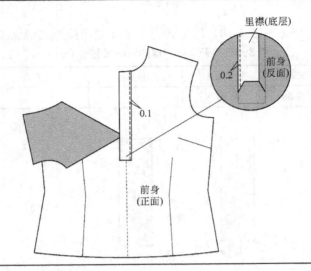

操作说明：
1. 剪前身门襟开口下端三角；
2. 将里襟的正面向上，夹住前身门襟开口左侧缝份，辑缝0.1cm止口明线

质量要求：
1. 里襟的底面不能漏缝，不能起"链形"；
2. 辑线顺直，无跳线，无断线

表6-9 半开襟明门襟的缝制工艺卡（四）

工序序号	工序名称	使用设备	线迹	线迹密度	缝型图示
4	封三角	平缝机	301	9针/2cm	

操作图示：

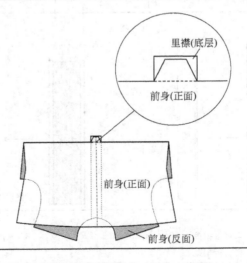

操作说明：
将前身向反面翻折，将里襟下端与前身开口处三角缝合在一起

质量要求：
1. 缝线长度与里襟宽度相同；
2. 缝线的起止针位于三角的角端，三角无漏缝，无毛出脱散

表6-10　半开襟明门襟的缝制工艺卡（五）

工序序号	工序名称	使用设备	线迹	线迹密度	缝型图示
5	绱门襟	平缝机	301	9针/2cm	

操作图示：

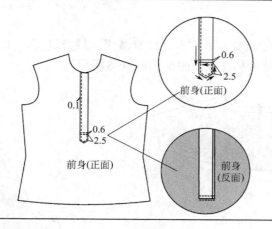

操作说明：
1. 将门襟的正面向上，夹住前身门襟开口右侧缝份，辑缝0.1cm止口明线；
2. 辑缝封口明线0.6cm

质量要求：
1. 门襟的底面不能漏缝，不能起"链形"；
2. 辑线顺直，无跳线，无断线；
3. 辑缝门襟时，注意不能辑住里襟；
4. 衣身放平后，门、里襟对齐，门襟盖过里襟0.1cm

第二节　经典衬衣样衣制作

一、款式说明

　　此款长袖镶拼女衬衣，立领、前胸拼接并抽碎褶、灯笼袖、紧袖口、圆下摆，后身设计有过肩，整体既宽松舒适，又可通过腰部系本料细腰带收腰，美观大方。前胸、后身过肩拼缝处也可镶拼与腰带同色的配色牙子，当面料有条格时亦可采用斜丝，使之更加富于变化（图6-6）。

图6-6　长袖镶拼女衬衣

二、结构设计

长袖镶拼女衬衣的结构图及纸样图如图3-43～图3-45所示。

三、裁片与辅料

1. 裁片

该款衬衣的裁片有前衣身、后衣身、前身胸拼、后身过肩、袖子、袖头、门襟、里襟、领子及腰带，各裁片的缝份和片数如图6-7和图6-8所示。

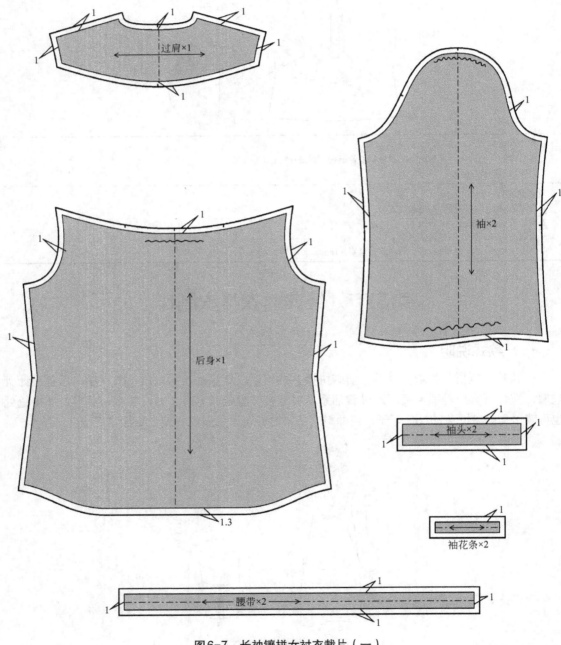

图6-7 长袖镶拼女衬衣裁片（一）

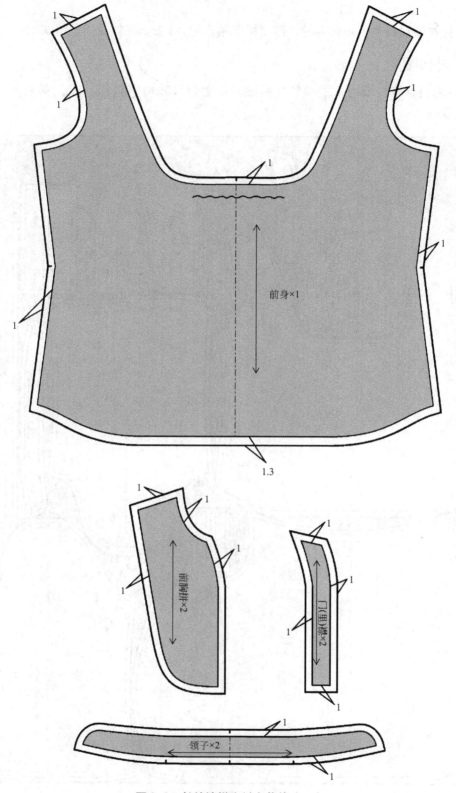

前身×1

1.3

前胸拼×2

门(里)襟×2

领子×2

图6-8 长袖镶拼女衬衣裁片（二）

2. 辅料

该款衬衣的辅料有无纺粘合衬、薄型树脂粘合衬、1.2cm纽扣及同色缝纫线。

四、排料图

图6-9为长袖镶拼女衬衣的单件排料图。幅宽为110cm，用料142cm。排料时必须严格按照布丝方向。

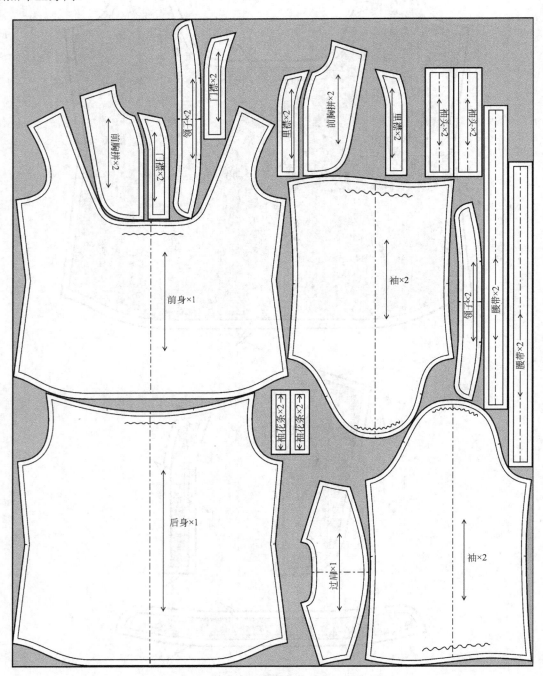

图6-9　长袖镶拼女衬衣排料图

五、缝制工艺流程

此款长袖镶拼女衬衣的缝制工艺流程按部件（如前衣身、后衣身、袖子及领子）开始，至组装各部位（如合缝过肩、装门襟、拼缝前身、缝合肩缝、绱领子、绱袖、缝合底边等）结束。长袖镶拼女衬衣的缝制工艺流程如图6-10所示。

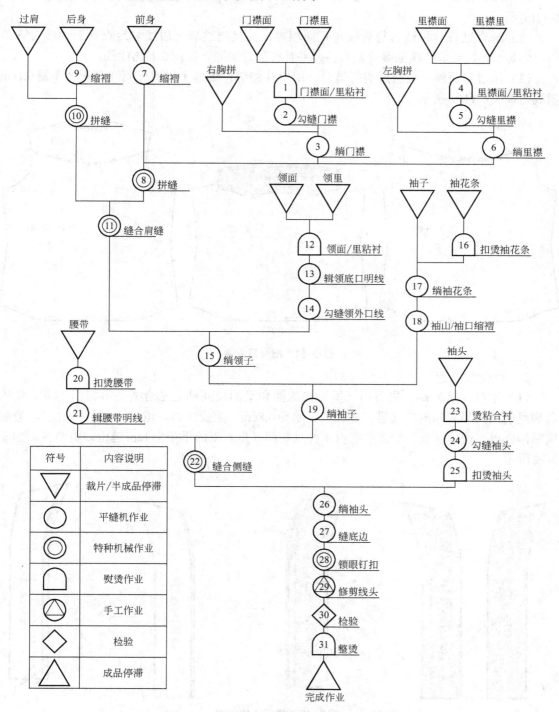

图6-10　长袖镶拼女衬衣的缝制工艺流程

六、缝制工艺与要求

下面按照工艺流程说明长袖镶拼女衬衣各主要工序的工艺与要求。

1. 缝合后衣身

（1）后衣身抽褶 按照剪口位置，把针码调至最大，在净缝线以里车缝后抽碎褶，如图 6-11(a) 所示。

（2）缝合过肩 将过肩与后衣身正面相对，并且把过肩下边线与后衣身上边线对齐车缝，缝份 1cm。要求两端袖窿处要对齐，并且打倒针加固，如图 6-11(b) 所示。

（3）压过肩明线 包缝过肩拼缝后，用熨斗将缝份倒缝于过肩一侧，在正面车缝 0.1cm 明线，如图 6-11(c) 所示。

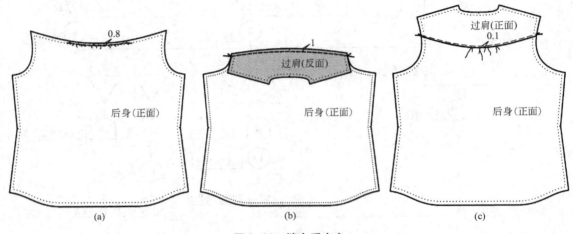

图6-11 缝合后衣身

2. 缝合前衣身

（1）做门（里）襟 先将门（里）襟的面和里的反面粘上粘合衬，再将门（里）襟的面和里的正面相对勾缝门（里）襟止口，缝份 0.8cm，翻烫止口，留 0.1cm 的"眼皮"，最后按照净样板扣烫门（里）襟面的缝份，并且将门（里）襟的里留出 1cm 缝份修剪整齐，如图 6-12 所示。

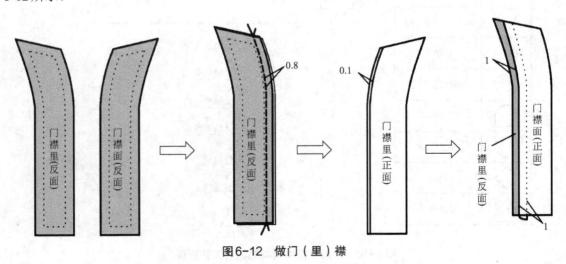

图6-12 做门（里）襟

（2）绱门（里）襟　先将门襟里的正面与前胸拼反面相对，边缘对齐并车缝，缝份1cm；倒缝后将门襟的面盖住先前的缝线再车缝明线，明线宽度0.1cm。注意不能起链形。里襟的缝制方法同门襟。最后修剪门（里）襟上下两端与前胸拼接顺，并且将门襟在上、里襟在下相叠，底端对齐并车缝固定，如图6-13所示。

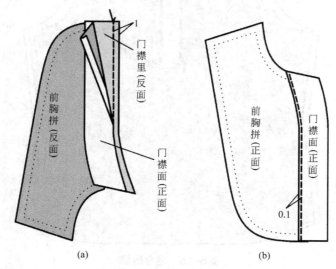

图6-13　绱门（里）襟

（3）前衣身抽褶　按照剪口位置，把针码调至最大，在净缝线以里车缝后抽碎褶，如图6-14(a)所示。

（4）拼缝前衣身　将前胸拼与前衣身正面相对，并且把前胸拼的外口弧线与前衣身的里口弧线对齐车缝，缝份1cm。要求两端肩缝处要对齐，并且打倒针加固，如图6-14(b)所示。

图6-14　缝合前衣身

（5）压前身明线　包缝前身拼缝后，用熨斗将缝份倒缝于前大身一侧，在正面车缝0.1cm明线，如图6-14(c)所示。

3．缝合肩缝

如图6-15所示，将前后衣身正面相对，前身在上，后身在下，分别缝合左右肩缝，首尾打倒针，最后包缝左右肩缝，并且把缝份向后肩烫倒，也可使用四线包缝机一并完成。

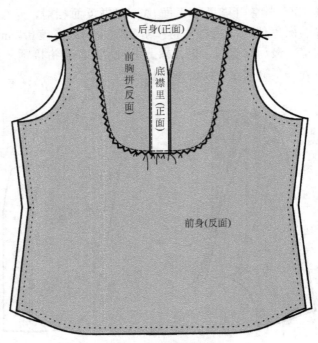

图6-15　缝合肩缝

4. 做领子

（1）粘衬　领面的反面贴粘合衬。要求领衬与面料的位置放置准确，不偏移；熨烫压力均匀，不起鼓，不渗胶。

（2）勾缝领子　先沿领子净样板扣烫领面下口缝份，辑领面下口明线，宽度0.7cm（领面下口要包紧领衬，无空隙，保持领面下口不变形）；再将粘好衬的领面和领里正面相对，沿领子净线外侧0.1cm勾缝领子，首尾打倒针。

（3）翻烫领子　修剪领面上口缝份至0.4cm，领圆头处缝份修剪至0.2cm；将缝份扣烫至领面一侧，烫痕由缝线里进0.1cm；翻出正面后，熨烫平整，领子圆角辑线要圆顺，左右对称；按照净缝线，修剪领里底口缝份至0.8cm，并且做好对位标记，如图6-16所示。

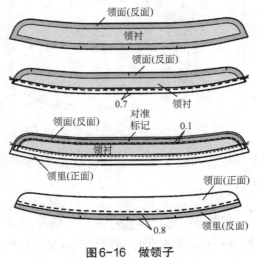

图6-16　做领子

5. 绱领子

（1）领里与衣身反面相对，衣领在上，对齐领里下口缝份与衣身缝份辑缝；并且后中标记和肩缝标记分别要对准，保证领子左右对称。

（2）将绱领缝份倒缝至领子一侧，将领面盖住绱领缝线，缉缝领面下口明线，宽度0.1cm。要求领子要平服，不起链形，明线辑线要顺直，如图6-17所示。

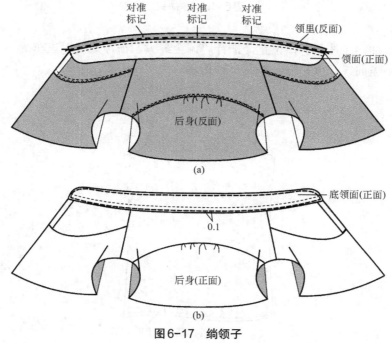

图6-17　绱领子

6. 做袖子

（1）绱袖花条

① 熨烫袖花条　将袖花条两侧缝份折转后再对折熨烫，上下层相差0.1cm，如图6-18(a)所示。

② 绱袖花条　用袖花条夹缝袖子，袖子缝份0.6cm，转弯处0.3cm，不可以打裥，袖花条不能起链形，正面止口明线0.1cm，反面不能漏针，如图6-18(b)所示。

③ 封结　袖子正面对折，袖口对齐，袖花条放平，按45°方向辑来回针，如图6-18(c)所示。

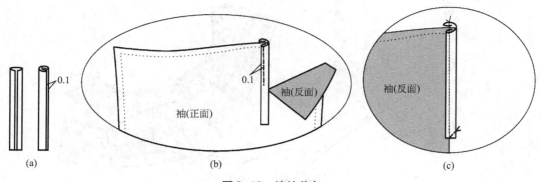

图6-18　绱袖花条

（2）做袖头　袖头反面粘衬，正面朝里对折后，面再折转1cm缝份，两端分别辑线封袖头，翻转袖头后再折转袖头里侧缝份，使里宽于面0.1cm，如图6-19所示。

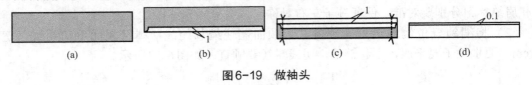

图6-19　做袖头

7.　绱袖子

（1）袖山头抽褶　按照剪口位置，把针码调至最大，在净缝线以里车缝后抽碎褶，使袖山曲线长度与袖窿曲线长度相符，如图6-20所示。

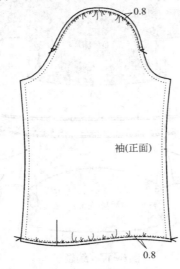

图6-20　袖山头抽褶

（2）袖口抽褶　把针码调至最大，在袖口净缝线以里车缝后抽碎褶，使袖口尺寸接近袖头尺寸，如图6-21所示。

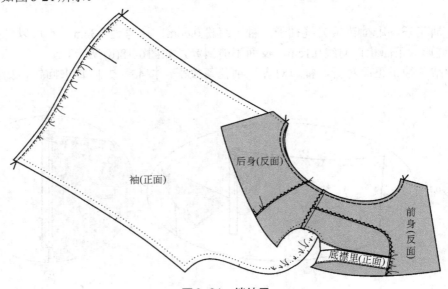

图6-21　绱袖子

（3）绱袖子　袖子放在下层，衣身放在上层，正面相对，袖窿与袖子对齐，吃势均匀，袖山头剪口与肩缝对准，要求辑线顺直，最后包缝袖窿，也可使用四线包缝机一并完成，如图6-21所示。

8．做腰带

将腰带两侧分别折转1cm缝份后再对折，辑止口明线0.1cm。

9．缝合侧缝和底边

（1）缝合侧缝　由下摆处开始辑线，缝至袖口部位，并且将腰带夹缝于腰节处。袖底十字口要对准，然后包缝，也可使用四线包缝机一并完成，如图6-22所示。

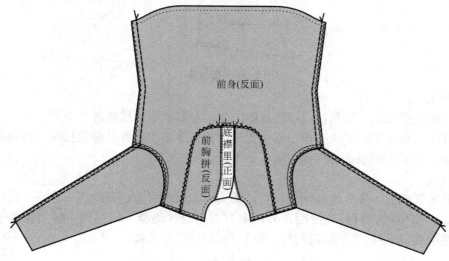

图6-22　缝合侧缝

（2）缝合底边　下摆折边宽度1.3cm，先折0.6cm宽，再折0.7cm宽，卷边后辑线宽度0.6cm，如图6-23所示。因为底边是弧形，辑缝时在圆弧处注意操作手法，卷边宽度要均匀，外观平服，不起链形。

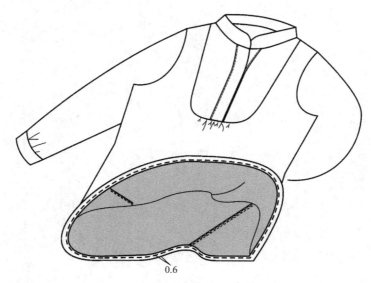

图6-23　缝合底边

10. 绱袖头

用夹缝法绱袖头，将袖口缝份放入袖头中，沿袖头上口辑明线0.1cm，如图6-24所示。注意前端袖叉向内折转，后端袖叉放平，并且均与袖头齐平，袖口的褶裥要均匀，袖头内侧的坐缝不得超过0.3cm。

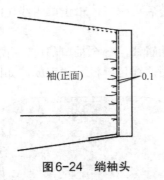

袖(正面)　0.1

图6-24　绱袖头

11. 锁钉

（1）锁眼　按照锁眼位置，门襟锁直眼三个，左右袖头锁横眼各一个。

（2）钉扣　在里襟、袖头处按扣眼位置定位并钉上纽扣，并且分别按照门襟和袖头的厚度缠绕线脚，保证纽扣系上后门襟和袖头的平服。

12. 整烫

衬衣缝制完成后，要先检验一遍，剪净线头，如发现污渍，要清洗干净后，再用蒸汽熨斗进行熨烫。熨烫时，将衬衣反面在外，将左右肩缝、侧缝、门里襟、袖头和领子熨烫平服，底边逐段熨烫平整。注意熨烫前按面料性能控制熨烫温度。

第七章　连衣裙样衣制作

第一节　连衣裙典型部位制作

一、V形领的缝制方法

领线领是夏季连衣裙经常采用的领型，V形领的缝制关键是领尖部位，以及领口贴边与衣身是否平服。

（一）结构图

V形领的结构图如图7-1所示。

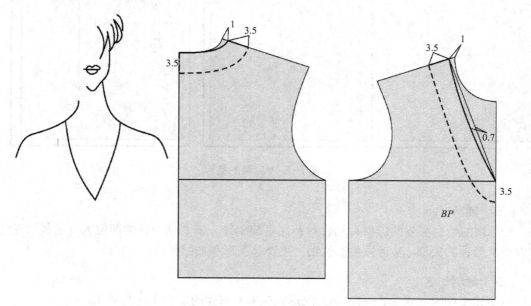

图7-1　V形领的结构图

V形领的缝制需要准备的裁片有前衣身、后衣身、前领口贴边、后领口贴边，裁片缝份加放如图7-2所示。

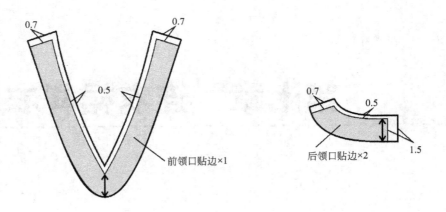

前领口贴边×1

后领口贴边×2

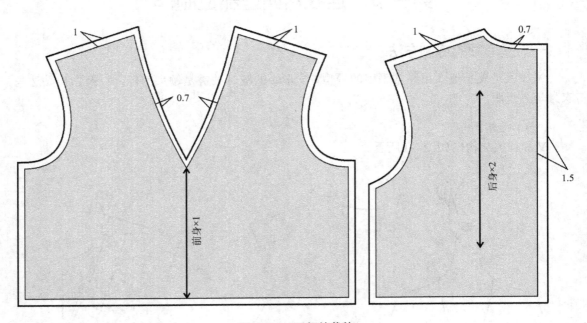

图7-2　V形领的裁片

（三）辅料

V形领的缝制需要的辅料有粘合衬和同色缝纫线。需要粘合衬的部位为前后领口贴边和前衣身V形领的尖部，V形领尖部位粘衬主要起保形和加固作用。

（四）缝制工艺

以下按工序卡（表7-1～表7-6）的形式说明V形领的缝制工艺与要求。

表7-1 V形领的缝制工艺卡（一）

工序序号	工序名称	使用设备	线迹	线迹密度	缝型图示
1	粘衬	蒸汽熨斗			

操作图示：

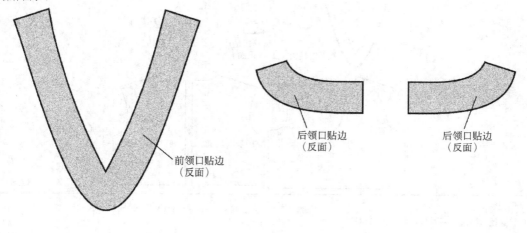

前领口贴边
（反面）

后领口贴边
（反面）

后领口贴边
（反面）

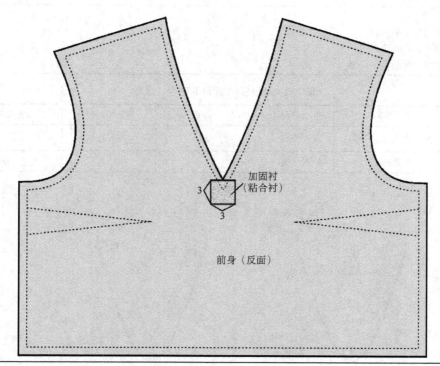

加固衬
（粘合衬）

前身（反面）

操作说明：

1. 前身领口贴边、后身领口贴边反面贴粘合衬；

2. 前衣身V形领口尖部反面贴粘合衬

质量要求：

1. 粘合衬与面料的位置放置准确，不偏移；

2. 熨烫压力均匀，不起鼓，不渗胶

表7-2　Ｖ形领的缝制工艺卡（二）

工序序号	工序名称	使用设备	线迹	线迹密度	缝型图示
2	包缝领口贴边、前后身肩缝	三线包缝机	504	8针/2cm	—+—

操作图示：

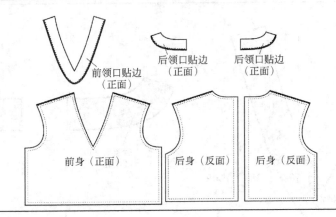

操作说明：

1. 前身领口贴边、后身领口贴边外口包缝；

2. 前、后身肩缝包缝

质量要求：

1. 包缝时，裁片正面朝上；

2. 线迹张力适当，无跳针；

3. 包缝边要光洁、平顺

表7-3　Ｖ形领的缝制工艺卡（三）

工序序号	工序名称	使用设备	线迹	线迹密度	缝型图示
3	缝合领口贴边肩缝	平缝机	301	9针/2cm	—+—
4	熨烫肩缝	蒸汽熨斗			⤬

操作图示：

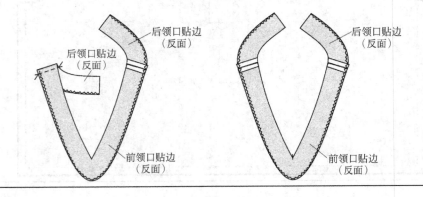

操作说明：

1. 前、后身领口贴边正面相对，前身贴边在上，后身贴边在下，肩缝处对齐后缝合肩缝，缝份0.7cm，首尾打倒针；

2. 肩缝分缝熨烫，烫平肩缝

质量要求：

1. 肩缝左右两端对齐；

2. 领口内、外口接缝处平滑、圆顺

表7-4 V形领的缝制工艺卡（四）

工序序号	工序名称	使用设备	线迹	线迹密度	缝型图示
5	缝合前、后身肩缝	平缝机	301	9针/2cm	
6	熨烫肩缝	蒸汽熨斗			

操作图示：

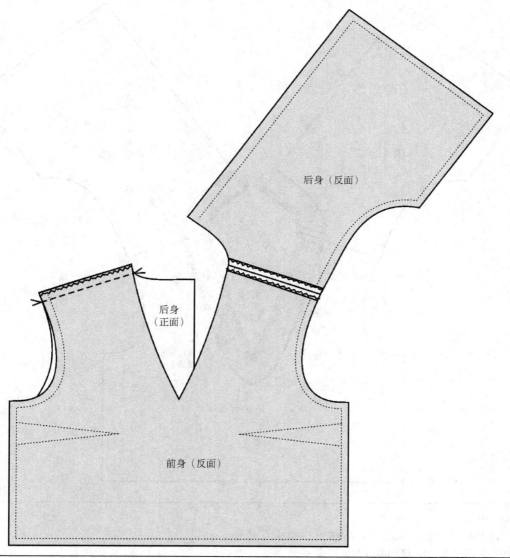

后身（反面）

后身
（正面）

前身（反面）

操作说明：

1.前、后身正面相对，前身在上，后身在下，肩缝处对齐后缝合肩缝，缝份1cm，首尾打倒针；

2.肩缝分缝熨烫，烫平肩缝

质量要求：

1.肩缝左右两端对齐；

2.领口、袖窿接缝处平滑、圆顺

表 7-5　V形领的缝制工艺卡（五）

工序序号	工序名称	使用设备	线迹	线迹密度	缝型图示
7	勾领口	平缝机	301	9针/2cm	

操作图示：

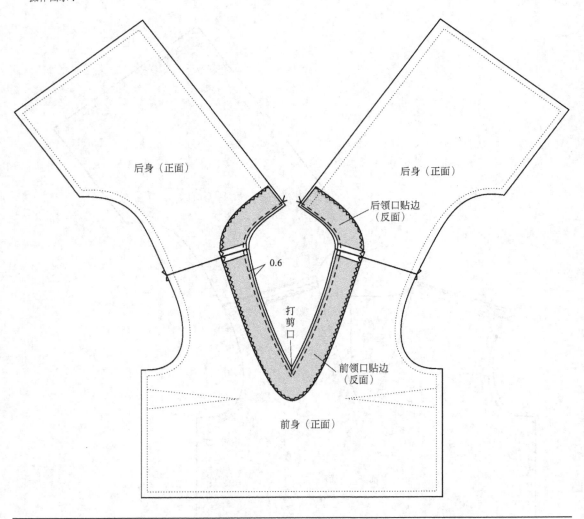

操作说明：

1. 贴边与衣身正面相对，贴边在上，衣身在下，辑缝领口，缝份0.6cm；

2. V形领尖处横缝1针，便于贴边的翻出；

3. 后领口转弯处和前领口尖部打剪口

质量要求：

1. 领口处线迹平滑、圆顺；

2. 剪口打至距缝线0.1cm处，不能剪断缝线

表 7-6　V形领的缝制工艺卡（六）

工序序号	工序名称	使用设备	线迹	线迹密度	缝型图示
8	翻烫领口	蒸汽熨斗			
9	辑贴边明线	平缝机	301	9针/2cm	

操作图示：

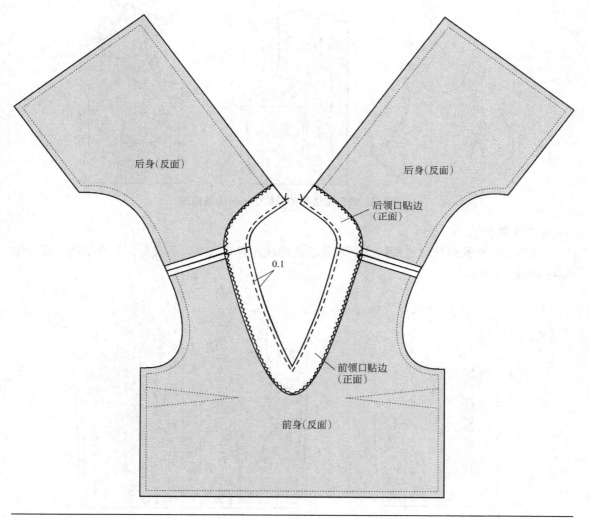

操作说明：

1. 先把缝份向衣身扣烫，烫痕由缝线里进0.1cm；

2. 翻出贴边后再次熨烫；

3. 缝份倒向贴边侧，在贴边和缝份上车缝明线0.1cm

质量要求：

1. 领口弧线处要平服，不变形，注意"里外均"；

2. 领口"眼皮"0.1cm，不能倒吐"眼皮"

二、领口和袖窿贴边的缝制方法

夏季连衣裙经常采用无领无袖的款式，当肩宽较窄时，通常采用领口贴边与袖口贴边连裁的方式。

（一）结构图

领口贴边与袖口贴边连裁的结构图如图7-3所示。

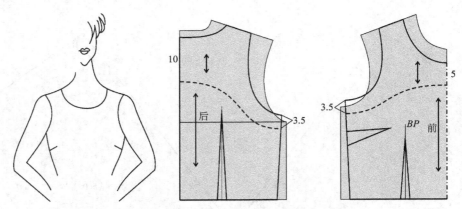

图7-3　领口贴边与袖口贴边连裁的结构图

（二）裁片

领口贴边与袖口贴边连裁的缝制需要准备的裁片有前衣身、后衣身、前身贴边、后身贴边，如图7-4所示。

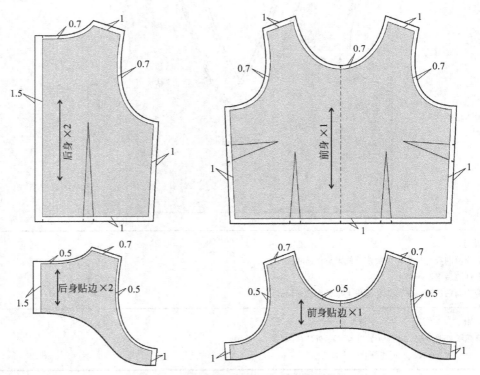

图7-4　领口贴边与袖口贴边连裁的裁片

（三）辅料

领口贴边与袖口贴边连裁的缝制需要的辅料有黏合牵条和同色缝纫线。需要黏合牵条的部位为领口和袖口部位。

（四）缝制工艺

以下按工序卡（表7-7～表7-12）的形式说明领口贴边与袖口贴边连裁的缝制工艺与要求。

表7-7　领口和袖窿贴边缝制工艺卡（一）

工序序号	工序名称	使用设备	线迹	线迹密度	缝型图示
1	黏合牵条	蒸汽熨斗			

操作图示：

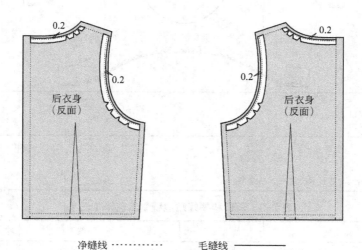

净缝线 ··········　　　毛缝线 ─────

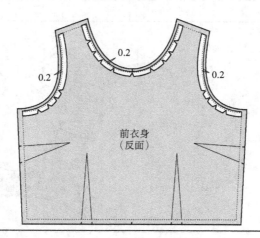

操作说明：

1.前身领口、袖窿部位反面黏合牵条；

2.后身领口、袖窿部位反面黏合牵条

质量要求：

1.牵条宽度1cm，牵条压过净缝线0.2cm；

2.牵条需打剪口以适合领口、袖窿部位的弧度

表7-8　领口和袖窿贴边缝制工艺卡（二）

工序序号	工序名称	使用设备	线迹	线迹密度	缝型图示
2	包缝前、后身贴边	三线包缝机	504	8针/2cm	—————+

操作图示：

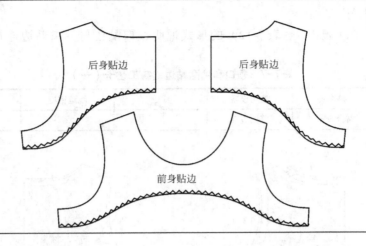

操作说明：
1.前身贴边只包缝底口；
2.后身贴边只包缝底口

质量要求：
1.线迹张力适当；
2.无跳针；
3.包缝时裁片正面朝上，并且包缝边要光洁平顺

表7-9　领口和袖窿贴边缝制工艺卡（三）

工序序号	工序名称	使用设备	线迹	线迹密度	缝型图示
3	缝合前、后身贴边的肩缝	单针平缝机	301	9针/2cm	
4	分烫肩缝	蒸汽熨斗			

操作图示：

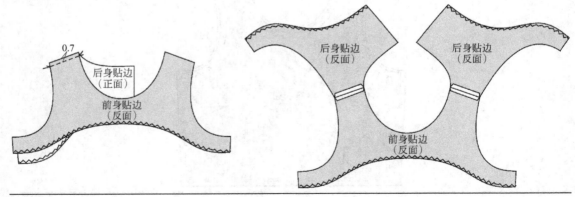

操作说明：
1.前、后身贴边正面相对，前身贴边在上，后身贴边在下，肩缝对齐后辑0.7cm缝份；
2.分开缝份，烫平肩缝

质量要求：
1.肩缝左右两端对齐，并且首尾打倒针加固，以防脱散；
2.领口、袖窿接缝处平滑、圆顺

表7-10　领口和袖窿贴边缝制工艺卡（四）

工序序号	工序名称	使用设备	线迹	线迹密度	缝型图示
5	缝合前、后身的肩缝	单针平缝机	301	9针/2cm	
6	分烫肩缝	蒸汽熨斗			

操作图示：

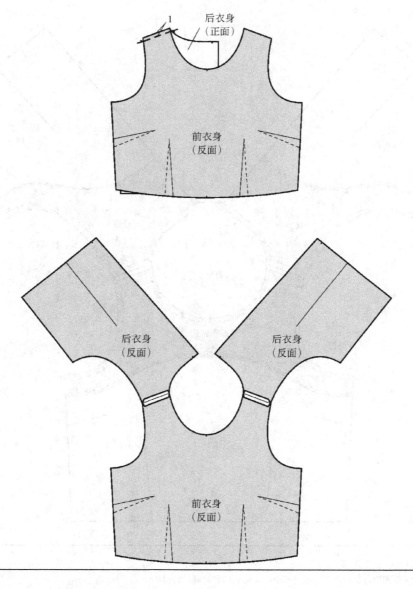

操作说明：

1. 前、后身正面相对，前身在上，后身在下，肩缝对齐后辑1cm缝份；

2. 分开缝份，烫平肩缝

质量要求：

1. 肩缝左右两端对齐，并且首尾打倒针加固，以防脱散；

2. 领口、袖窿接缝处平滑、圆顺

表7-11　领口和袖窿贴边缝制工艺卡（五）

工序序号	工序名称	使用设备	线迹	线迹密度	缝型图示
7	缝合前、后身贴边	单针平缝机	301	9针/2cm	

操作图示：

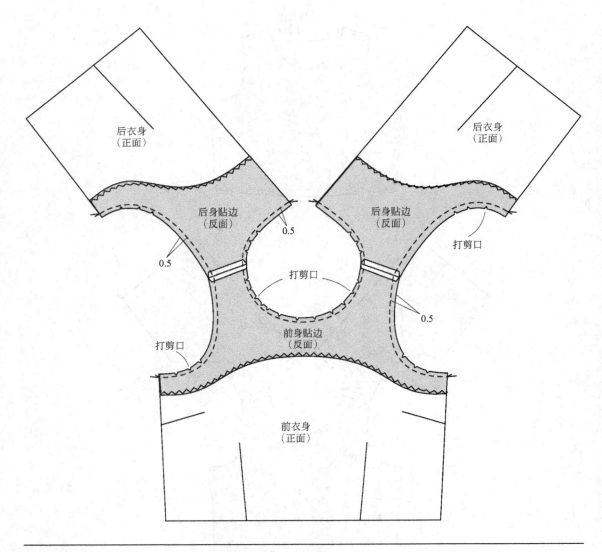

操作说明：

1.贴边与衣身正面相对，贴边在上，衣身在下，辑缝领口和袖窿，缝份0.5cm；

2.领口和袖窿转弯处打剪口

质量要求：

1.领口、袖窿处线迹平滑、圆顺；

2.剪口打至距缝线0.1cm处，不能剪断缝线

表7-12　领口和袖窿贴边缝制工艺卡（六）

工序序号	工序名称	使用设备	线迹	线迹密度	缝型图示
8	翻烫贴边	蒸汽熨斗			

操作图示：

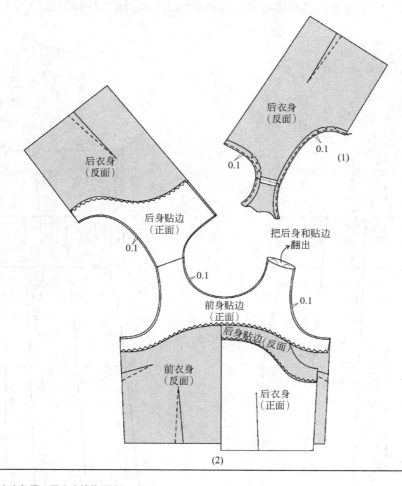

操作说明：
1. 先把缝份向衣身扣烫，烫痕由缝线里进0.1cm；
2. 翻出衣身后再次熨烫

质量要求：
1. 领口和袖窿弧线处要平服，不变形，注意"里外均"；
2. 领口和袖窿处"眼皮"0.1cm，不能倒吐"眼皮"

第二节　经典连衣裙样衣制作

一、款式说明

图7-5为高腰线短袖灯笼袖连衣裙。其款式特点是：圆形领口采用滚边工艺，合身收腰，下摆展开，呈A字形造型；结构上是一款高腰线剪接型连衣裙，上身前后各收两个腰省，后身中缝处装隐形拉链。肩部向里

图7-5　高腰线短袖灯笼袖连衣裙款式图

略收窄，袖山头抽碎褶后膨起，袖口内缝松紧带用于收紧袖口，达到灯笼袖的造型效果。

二、结构设计

高腰线短袖灯笼袖连衣裙的结构图及纸样图如图7-6、图7-7所示。

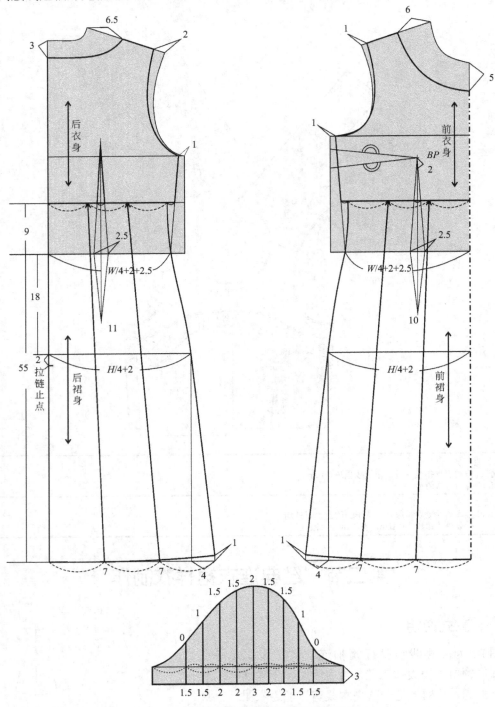

图7-6　高腰线短袖灯笼袖连衣裙结构图

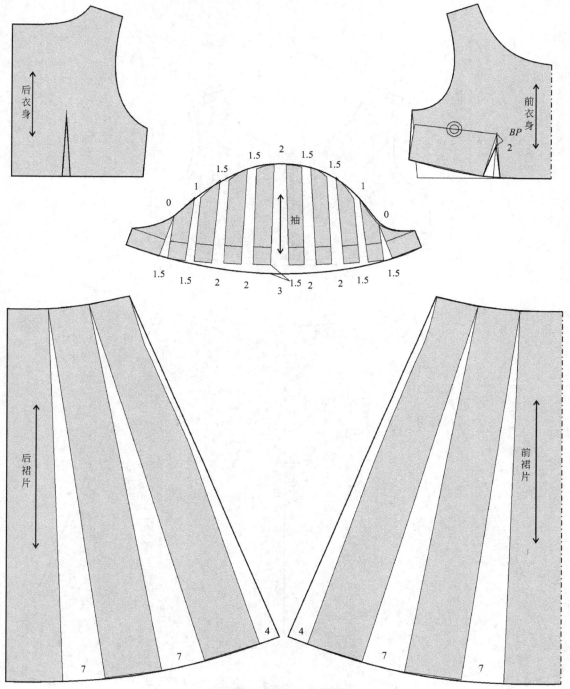

后衣身

前衣身

BP

2

袖

后裙片

前裙片

4

4

7

7

7

7

图7-7 高腰线短袖灯笼袖连衣裙纸样图

三、裁片与辅料

1. 裁片

该款高腰线短袖灯笼袖连衣裙的裁片有前衣身、后衣身、前裙身、后裙身、袖子及领子滚边，各裁片的缝份和片数如图7-8、图7-9所示。

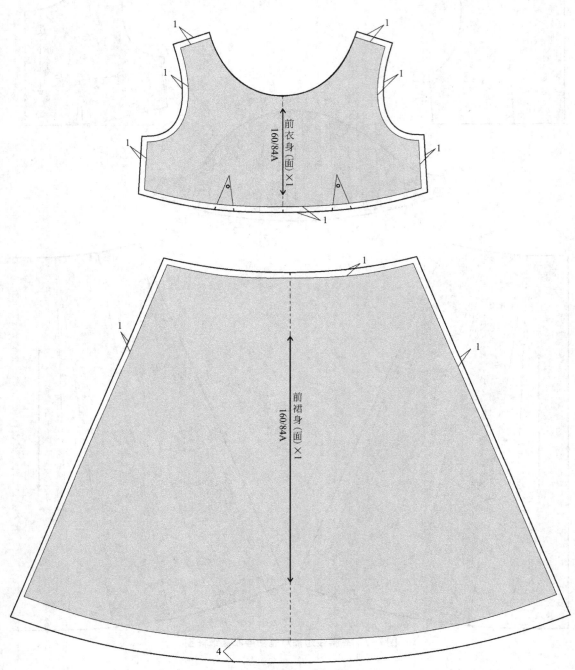

前衣身（面）×1
160/84A

前裙身（面）×1
160/84A

图7-8　高腰线短袖灯笼袖连衣裙裁片（一）

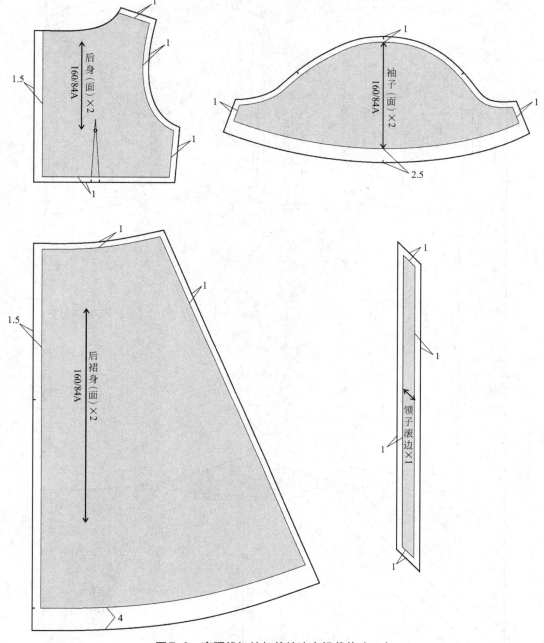

图7-9　高腰线短袖灯笼袖连衣裙裁片（二）

2. 辅料

该款高腰线短袖灯笼袖连衣裙的辅料有同色缝纫线、松紧带和隐形拉链。

四、排料图

图7-10为高腰线短袖灯笼袖连衣裙的单件排料图。幅宽为110cm，用料191.91cm。排料时必须严格按照布丝方向，其中领子滚边采用45°斜丝，在单件裁剪时，为节省用料，可以进行拼接；若多件或批量生产时，也可以单独排料，提高生产效率，改善外观品质。

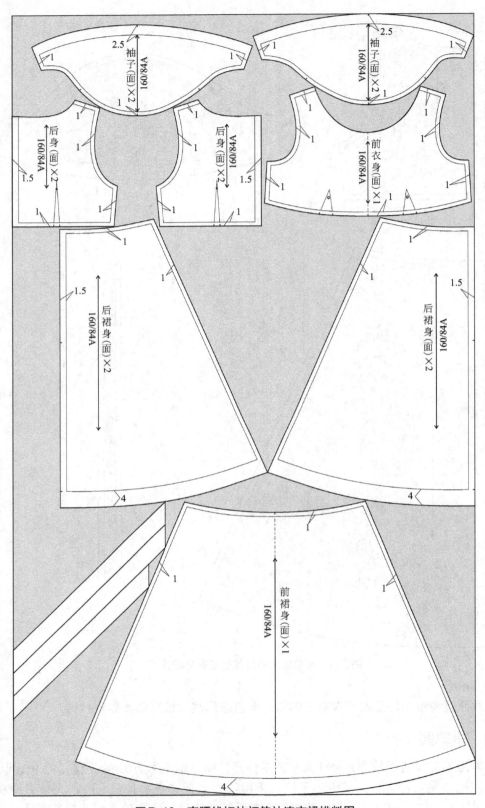

图7-10　高腰线短袖灯笼袖连衣裙排料图

五、缝制工艺流程

　　此款高腰线短袖灯笼袖连衣裙的缝制工艺流程按部件（如前衣身、前裙身、后衣身、后裙身、袖子及领子滚边）开始，至组装各部位（如收省、缝合腰缝、装拉链、缝合肩缝、领子滚边、绱袖、圈底边等）结束。高腰线短袖灯笼袖连衣裙的缝制工艺流程如图7-11所示。

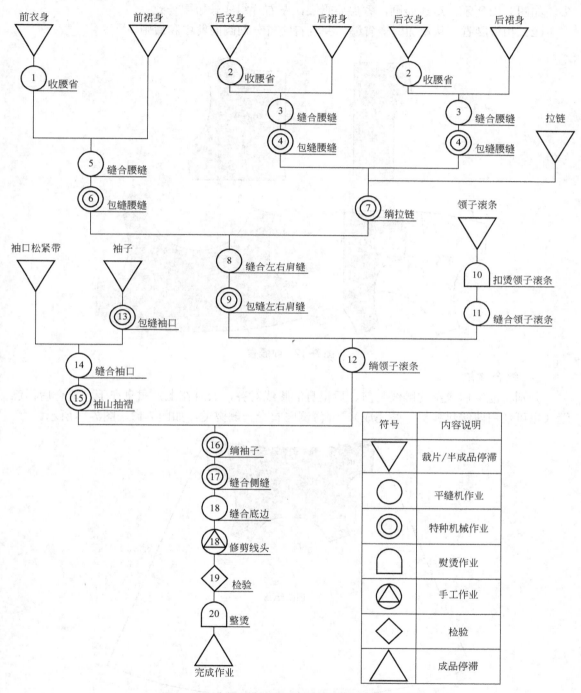

图7-11　高腰线短袖灯笼袖连衣裙缝制工艺流程

六、缝制工艺与要求

下面按照工艺流程说明高腰线短袖灯笼袖连衣裙各主要工序的工艺与要求。

1. 收腰省

（1）缉腰省　缝合前、后衣身的腰省时，分别按省道中线正面相对折，由省底缉向省尖，如图7-12所示。缉线要顺，省尖要辑尖，左右片缉线长短要一致。

（2）扣烫腰省　从反面熨烫省缝，并且将腰省分别倒向前中和后中。

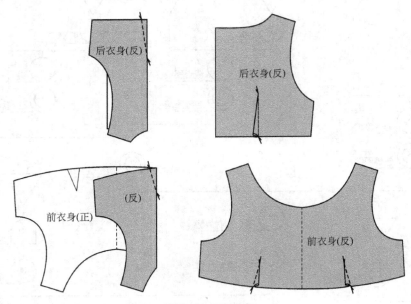

图7-12　收腰省

2. 缝合腰缝

分别将前、后衣身的腰线与前、后裙身的腰线对齐，衣身在上，裙身在下，缝合后再包缝（也可使用四线包缝机一并完成），缝份倒向衣身一侧熨烫，如图7-13、图7-14所示。

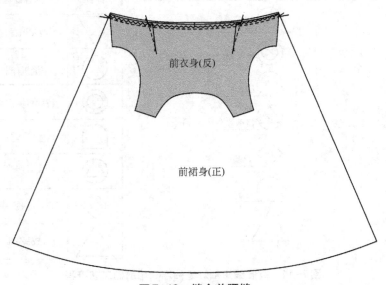

图7-13　缝合前腰缝

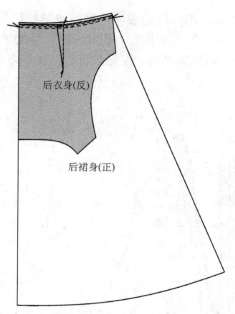

图 7-14　缝合后腰缝

3. 缝合后中缝

（1）包缝后中缝　正面向上，分别包缝左右后片的中缝。

（2）缝合后中缝　左右后片正面相对，按照拉链开口止点的剪口位置缝合后中缝，起针和收针处均应打倒针加固牢度，以防脱散，如图 7-15 所示。

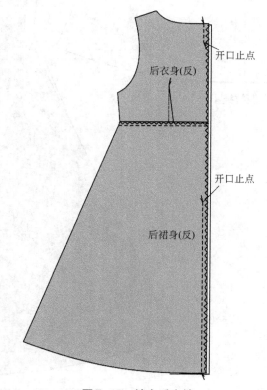

图 7-15　缝合后中缝

（3）装拉链　按照图7-16、图7-17的顺序，使用隐形拉链压脚或单边压脚，在后身中缝处装拉链。拉链的正面与衣片的正面相对，拨开隐形拉链的牙子，拉链在上，衣片在下，距牙子边缘缝线0.1cm缉线，缉线要顺直。注意拉链的位置、方向，缝拉链时需设对位记号车缝。

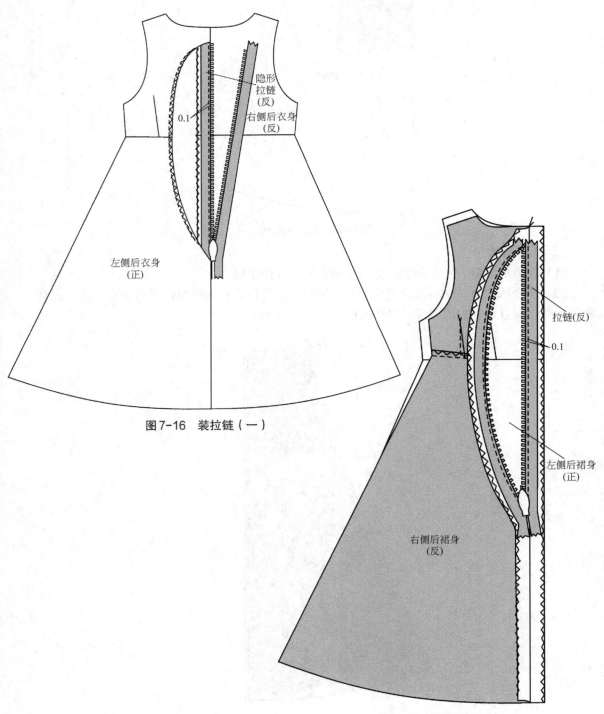

图7-16　装拉链（一）

图7-17　装拉链（二）

（4）分烫后中缝　如图7-18所示，要保持后中缝平服，拉链不外露。

图7-18　分烫后中缝

4. 缝合肩缝

如图7-19所示，衣身正面相对，前身在上，后身在下，分别缝合左右肩缝，首尾打倒针。包缝左右肩缝（也可使用四线包缝机一并完成），并且把缝份向后身烫倒。

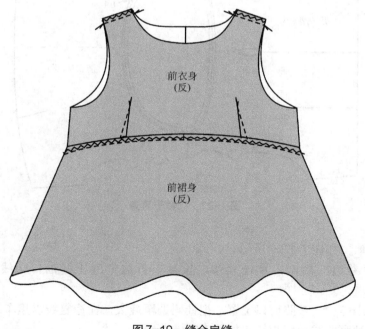

图7-19　缝合肩缝

5. 绱领子滚条

（1）熨烫领子滚条　将领子滚条对折后再对折，上层（面层）比下层（里层）缩进0.1cm进行熨烫，不能拉抻，如图7-20所示。

（2）缝合领子滚条　将熨烫好的领子滚条两端对接，缝份1cm，分缝后熨烫平整。

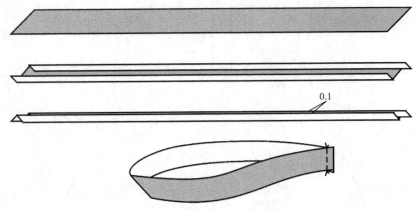

图7-20　熨烫缝合领子滚条

（3）绱领子滚条　将领子滚条的拼缝对准左肩缝向后2～3cm处开始起针，明线宽度0.1cm，如图7-21所示。要求领子滚条不仅要夹实衣身，而且底层不能漏缝，左右对称，松紧适度，不能起荡。

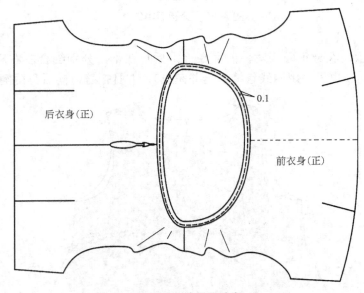

图7-21　绱领子滚条

6. 做袖子

（1）包缝袖口　如图7-22(a)所示。

（2）缝袖口卷边　袖口内置松紧带，按袖口折边宽度压缝袖口明线，如图7-22(b)所示。

（3）抽缝袖山碎褶　按照剪口位置，把针码调至最大，在净缝线以里车缝后抽碎褶，使袖山曲线长度与袖窿曲线长度相符，如图7-22(c)所示。

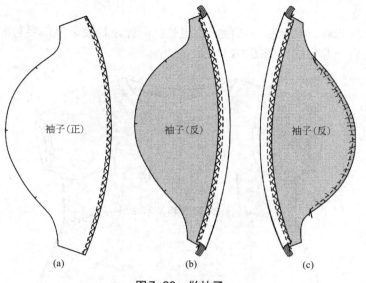

(a)　　　　　　　(b)　　　　　　　(c)

图7-22　做袖子

7．绱袖子

　　袖子放在下层，衣身放在上层，正面相对，袖窿与袖子对齐，吃势均匀，袖山头剪口与肩缝对准，要求辑线顺直，最后包缝袖窿，也可使用四线包缝机一并完成，如图7-23所示。

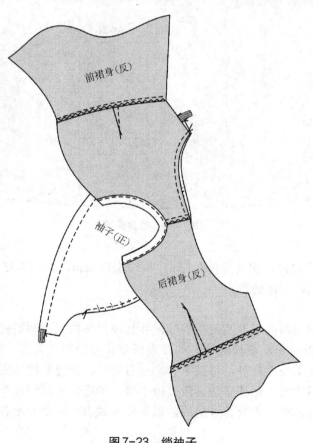

图7-23　绱袖子

8. 缝合侧缝

由下摆处开始辑线，缝至袖口部位，首尾处打倒针。袖底十字口要对准，然后包缝，也可使用四线包缝机一并完成，如图7-24所示。

图7-24　缝合侧缝

9. 缝合底边

从左侧缝处开始起针，明线宽度0.1cm，折边宽度3cm，如图7-25所示。注意明线宽度要一致，底边要平服，不起链形。

10. 整烫

注意熨烫前掌握面料的质地及耐热程度，并且按面料性能控制熨烫温度。一件连衣裙缝制完成后，要先检查一遍，剪净线头，如发现污渍，要清洗干净后，再用蒸汽熨斗进行熨烫。熨烫时，将连衣裙反面在外，将腋下省、左右肩缝、侧缝和腰缝熨烫平服，在领口反面将领圈熨烫平整，后中缝、裙摆底边逐段熨烫平整。袖窿熨烫时要放在烫凳上，并且使用熨斗尖部，只熨烫缝份部分，不要超过缝线，以免破坏袖山头缩褶的形态。

前衣身（反）

前裙身（反）

0.1

图7-25　缝合底边

参 考 文 献

[1] 刘瑞璞. 服装纸样设计原理与技术（女装篇）[M]. 北京：中国纺织出版社，2005.

[2] 阎玉秀. 女装结构设计 [M]. 杭州：浙江大学出版社，2005.

[3] 吴宇，王培俊. 服装设计基础 [M]. 北京：中国轻工业出版社，2001.

[4] 日本文化服装学院编. 服饰造型讲座：女衬衫·连衣裙 [M]. 张祖芳等译. 上海：东华大学出版社，2004.

[5] 杨新华，李丰. 工业化成衣结构原理与制板 [M]. 北京：中国纺织出版社，2007.

[6] 尚丽，张朝阳. 服装结构设计 [M]. 北京：化学工业出版社，2009.

[7] 陈霞，张小良. 服装生产工艺与流程 [M]. 北京：中国纺织出版社，2011.

[8] 戴鸿编著. 服装号型标准及其应用 [M]. 北京：中国纺织出版社，2001.